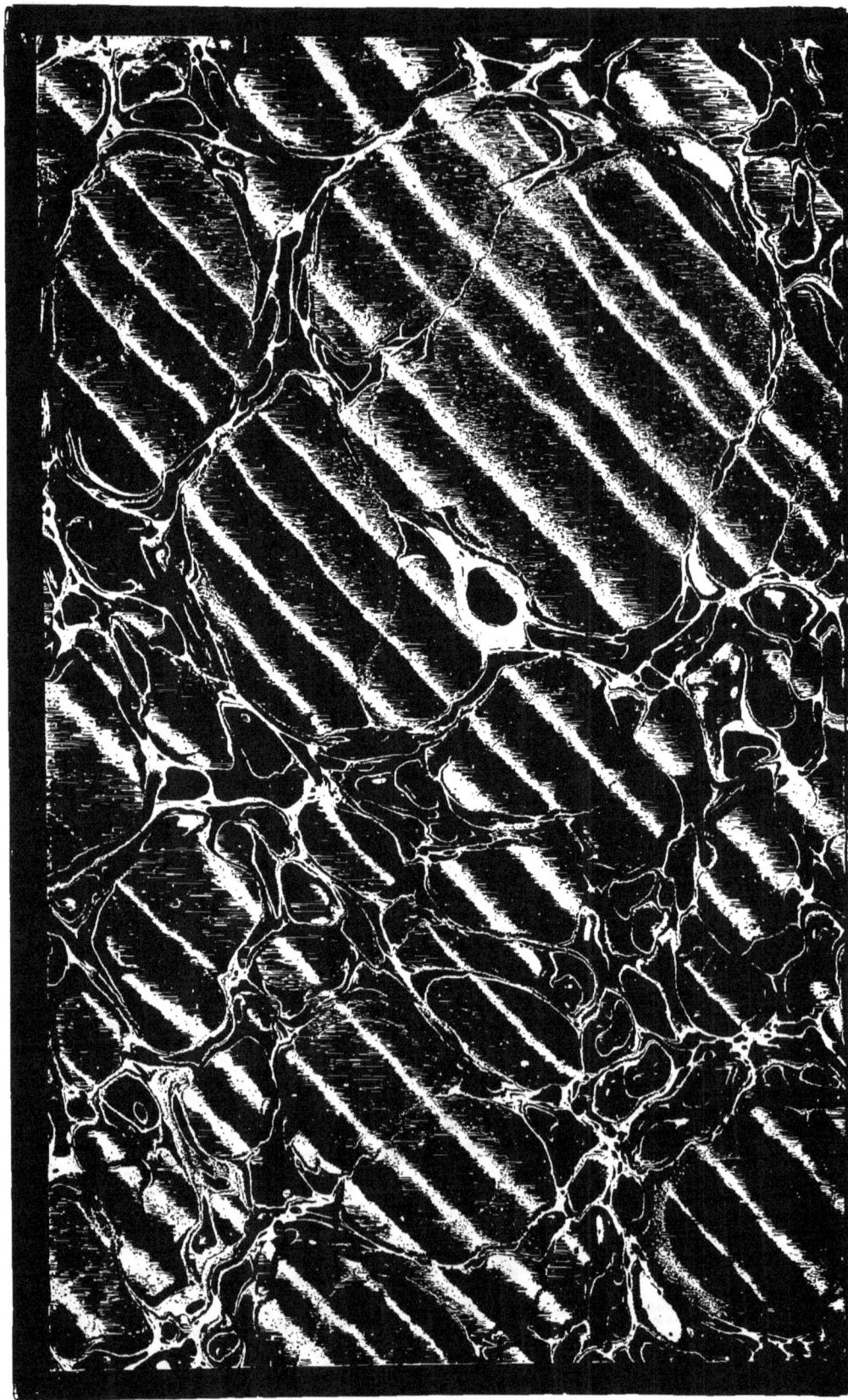

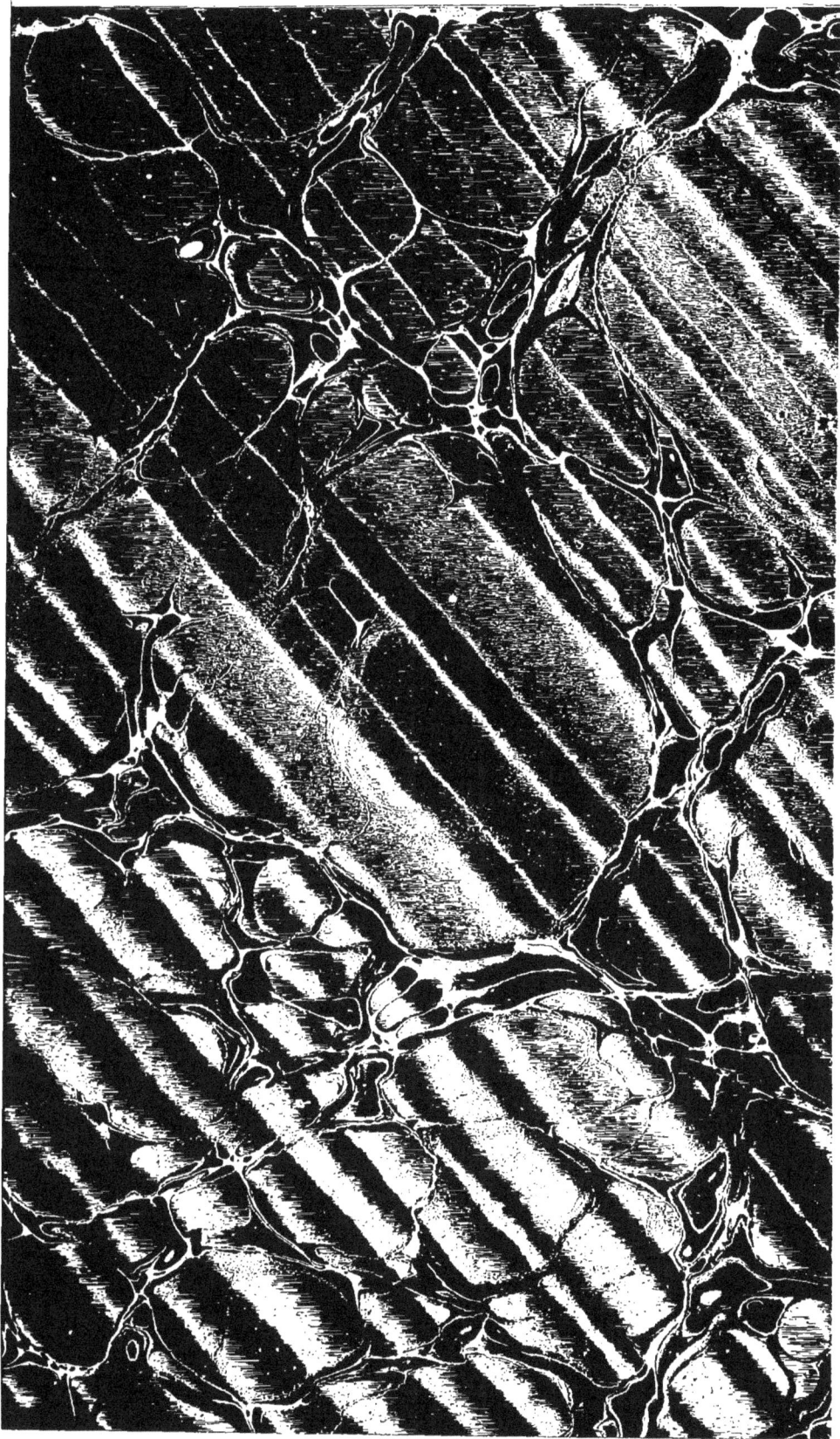

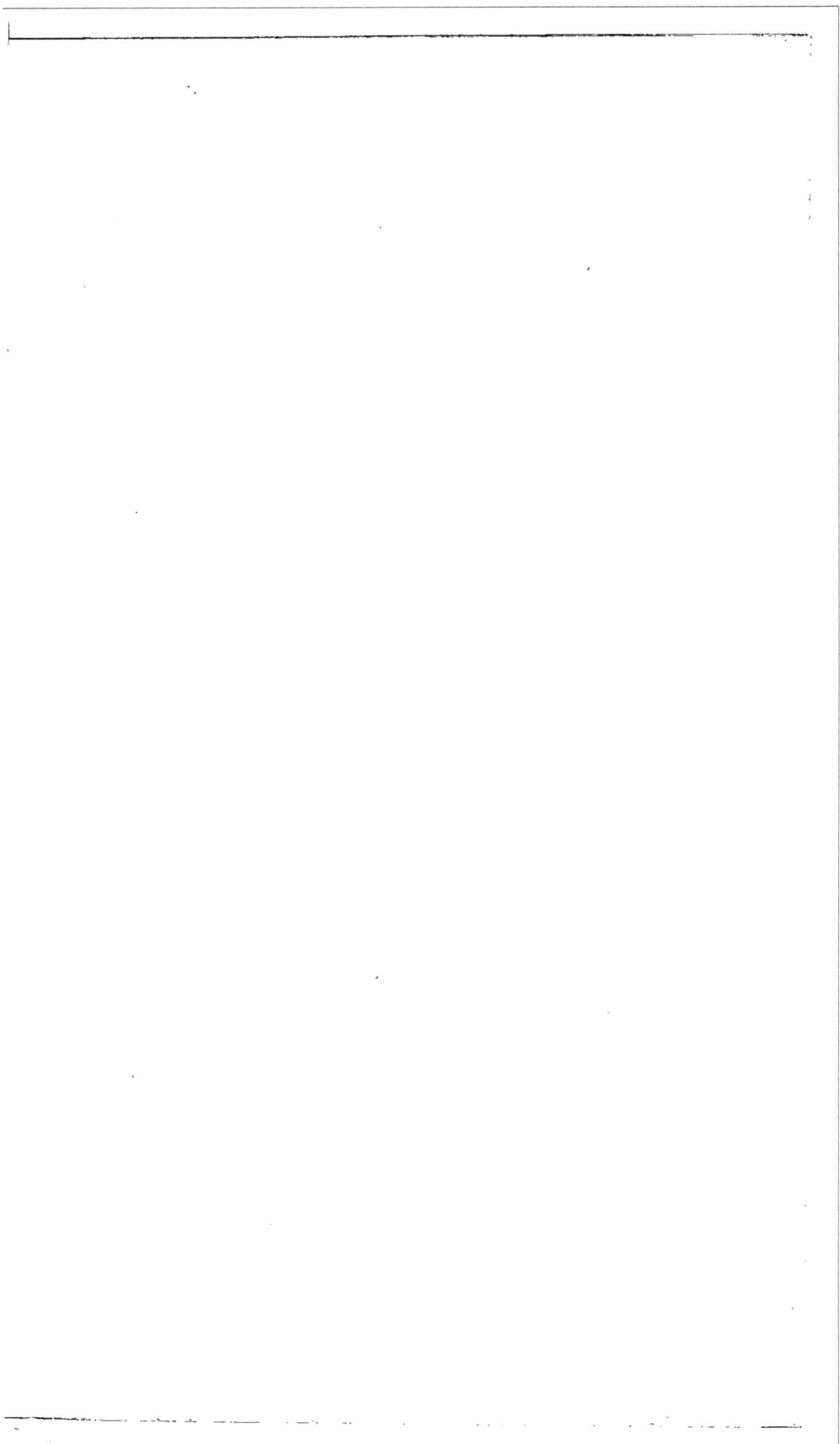

T 6 1 8

T.3310.
Ex.

ESSAI

SUR LES

BASES ONTOLOGIQUES

DE LA

SCIENCE DE L'HOMME.

La Rochelle, imp. A. Caillaud.

ESSAI

SUR LES

BASES ONTOLOGIQUES

DE LA SCIENCE DE L'HOMME

ET SUR LA

MÉTHODE QUI CONVIENT A L'ÉTUDE

DE LA PHYSIOLOGIE HUMAINE,

Par P.-E. GARREAU (de la Rochelle),

Docteur en médecine, Médecin des hôpitaux militaires.

Mens agitat molem !

PARIS.

VICTOR MASSON, Place de l'École de Médecine, 1.

LADRANGE, Quai des Augustins, 19.
RORET, Rue Hautefeuille, 10 (bis).

LA ROCHELLE.

A. CAILLAUD, ÉDITEUR,

Imprimeur, Libraire et Lithographe, rue du Palais, 26 et 28.

——

1846.

AVANT-PROPOS.

Deux motifs principaux nous dictent cet ouvrage :

Le premier naît du regret que nous éprouvons de voir le matérialisme physiologique dominer encore nos écoles, malgré le progrès de la philosophie.

Le second sort de cette conviction, qu'il

est indispensable d'élargir et de préciser le sens restreint et indécis de la physiologie humaine.

Or, le matérialisme, selon nous, ne règne que sur l'insuffisance de ses adversaires, insuffisance qui n'est point une question de talent, mais une question de méthode. Que la méthode change, et tout change avec elle; le spiritualisme reprend sa suprématie, et la physiologie de l'homme son véritable sens.

Changer la méthode, tel est le but définitif de nos efforts; nous ne sommes pas encore en mesure d'en discuter l'utilité.

Un mot, avant de clore ce préambule, sur la forme de quelques chapitres.

Les pages qui vont suivre auront un défaut

dont nous n'oserions nous absoudre s'il s'agissait d'un enseignement scolastique ; ce défaut, que nous ne pouvons éviter sans tomber dans une diffusion sans limites, est une véritable licence de forme et de fond qui attribue à notre lecteur certaines connaissances acquises, seules capables de le mettre en état de comprendre et de juger. Ainsi, nous aurons occasion de nous servir de termes qui appartiennent au vocabulaire de la métaphysique, et d'affirmer, sans les déduire, certaines propositions dont la démonstration est admise par la science comme de parfaite évidence.

Cette manière de procéder, nous le sentons, paraîtra vicieuse à quelques-uns, mais l'ordre d'idées, dans lequel nous allons entrer implique la nécessité d'acquisitions préliminaires dont l'examen attentif de cet opuscule inspirera peut être le désir à ceux qui ne les possèdent pas encore, tandis que ceux qui les possèdent trouveront le même avantage que nous dans la concision et la rapidité.

P. GARREAU.

La Rochelle, le 15 novembre 1845.

CHAPITRE PREMIER.

——

ÉNERGIE RATIONNELLE.

ESSAI

SUR

LES BASES ONTOLOGIQUES

DE LA SCIENCE DE L'HOMME.

CHAPITRE PREMIER.

ÉNERGIE RATIONNELLE.

La physiologie de l'homme est une science qui a pour but l'histoire de sa vie, de même que la physiologie générale a pour but l'histoire de la vie chez les êtres organisés. — Nous adoptons sans hésiter cette large définition, nous réservant de l'expliquer par une notion claire et rationnelle de la vie, que nous attendons de nos principes.

Si la physiologie de l'homme a pour but l'histoire de sa vie, il est de toute évidence que le sujet et l'objet sont identiques, que c'est l'homme qui est étudié, que c'est l'homme qui étudie : or, pour que l'homme étudie l'homme, il faut que la science lui soit possible, et, si la science lui est possible, il faut qu'elle ait un commencement.

D'où ces trois questions :

Qu'est-ce que la science ?

Peut-elle exister ?

Quel en est le commencement ?

La réponse est facile :

La science est la connaissance claire et certaine de quelque chose, fondée sur l'évidence directe, ou sur la démonstration qui émane directement de l'évidence.

La science peut exister si l'évidence existe,

s'il est un point où le scepticisme expire incapable d'achever son œuvre d'anéantissement. Ce point fixe et un sera nécessairement le commencement de toute science.

D'où il suit qu'en le recherchant, on recherche à la fois la légitimité et le principe de la science de l'homme.

Laissons donc le doute accumuler les ruines, (les philosophes savent ce qu'il peut!) laissons tomber sous son souffle mortel toutes les apparences; la forme de ce monde extérieur, relative à notre manière de la concevoir; le fantôme de ce monde intérieur fugitif et changeant; et nous rencontrerons, tout au fond du *variable*, ce par quoi le *variable* existe pour nous, l'élément invariable auquel nous le rapportons, le *réel* de notre être.

Ce quelque chose qui survit à tout c'est la *pensée en soi*, dernier refuge du doute

méthodique et que le doute n'atteint pas,
puisque qui doute pense.

« Là, comme dit Spinosa, l'esprit sans
» effort, sans obstacle, sans intermédiaire,
» saisit son objet, l'embrasse tout entier, et
» s'y repose en quelque sorte dans une lu-
» mière sans mélange, et dans une parfaite
» sérénité. »

L'esprit en effet saisit son objet dans ce
cri de la conscience, *moi!* qui implique une
certitude infinie, la certitude absolue *d'être*,
partant celle de *l'être;* et quelque chose de
plus encore, la certitude non moins absolue
d'être cause, en un mot de la *liberté*, c'est-à-
dire la possibilité d'une philosophie digne
de la croyance du monde.

Le *moi* est donc l'élément primordial et
central de l'étude de l'homme.

Dire *moi*, c'est se regarder et s'affirmer soi-
même d'une manière invincible; singulier

mystère que ce mystère de la conscience, qui consiste à être posé par soi devant soi, dans un jour ineffable, de manière à ce que le sujet et l'objet de la connaissance s'identifient dans un acte indivisible !

Vainement prétendrait-on que le propre de la vie n'est pas de s'observer vivre, mais de vivre... que vouloir à la fois vivre et nous regarder vivre, c'est nier le principe de l'unité de notre nature... que nous ne pouvons que nous observer à distance, par la mémoire, après et non pendant l'acte de la vie, etc. — Comme si la mémoire n'était pas, elle aussi, un fait de conscience, qu'il faudrait, dans l'esprit de cette théorie, observer non pendant mais après son acte, de telle sorte qu'une mémoire de la mémoire deviendrait indispensable, et ainsi de suite, sans que jamais nous pussions rompre le cercle vicieux.

Si on peut s'observer se souvenant pendant

le souvenir, on peut s'observer pensant pendant la pensée, et le fait de conscience est
rétabli dans sa vraie nature ; hors de là nous
n'entrevoyons que l'abîme du paralogisme.

Mais divisons, s'il se peut, le fait de conscience ; oublions un moment ce qui dans la
pensée est le sujet pensant, oublions cette
personne, cette cause libre à qui la *certitude*
appartient, pour fixer plus particulièrement
notre attention sur la *certitude* et sur son
caractère indélébile.

Nous l'avons proclamée absolue, parce
que nous trouvons debout, au fond de notre
dernière et suprême négation, le principe
impérissable sur lequel nous nous appuyons
pour la tenter ; ajoutons qu'elle est *nécessaire*,
parce que nous sentons en nous quelque
chose qui est au-dessus de nous, parce qu'on
ne fait pas sa certitude, mais qu'on l'accepte,
que bien loin de se l'imputer, on la subit.

Or, qu'est-ce que cette lumière sans mélange dont l'homme est inondé, qui est en
lui sans être lui, dont il subit heureusement
mais fatalement l'influence?

Cette lumière est la *raison*, loi universelle,
révélation permanente qui descend dans la
conscience, sous divers aspects ou phénomènes, tous réunis par le cachet de l'absolu,
dont ils portent l'empreinte, en une même
essence, car l'absolu est un.

Ces divers aspects de la raison phénoménale sont les *données primordiales* d'où procèdent les axiômes sur lesquels l'homme
appuie toutes les opérations de son intelligence. Il s'en empare *à priori* et ne peut
cesser de s'en emparer sans cesser de penser,
puisqu'elles sont le fond même de la pensée,
puisque, sans leur inaliénable *certitude*, tout
serait indécis, flottant, sans lieu, sans point
d'appui, dans l'intellect humain!

Avant d'aller plus loin, jetons un seul regard sur le chemin que nous venons de parcourir.

On dirait que nous n'avons eu d'autre but que celui de donner une base à la logique, tandis que notre principale intention était de rechercher et de constituer les vrais fondements de la physiologie humaine ; hâtons-nous de justifier notre procédé.

En interrogeant la raison en tant que phénomène *psychologique*, en posant transitoirement la main sur la clef de toute méthode, peut-être avons-nous touché au secret profond d'une des sources radicales de l'existence? Tel est du moins notre espoir, et l'élément absolu, l'invariable, le réel de notre être, que nous n'avons fait qu'indiquer sous la forme des axiômes, nous paraît digne de prendre entre les mains du physiologiste une tout autre initiative que celle d'un premier principe de connaissance ! — Mais nous ne devons développer cette pensée qu'après avoir élevé au-dessus des plus sérieuses objections le caractère particulier des axiômes rationnels.

Nous avons devant nous différents adversaires, nommons les en les réfutant :

Les plus nombreux et les plus redoutables, si non par la force de leurs arguments, du moins par le crédit dont ils jouissent encore, sont les soldats ébranlés de la vieille phalange *sensualiste*. Nous leur dirons : puisque vous placez dans les sens l'origine de toutes les idées, vous ne pouvez reculer devant cette conséquence que toute idée est relative comme la source dont elle émane. Or, si rien n'est absolu dans la conscience de l'homme, si le juste et le vrai sont relatifs à notre manière de les concevoir, avouez que la vertu n'est qu'une convention sociale, et mettez, comme l'inflexible Hobbes, la force à la place du droit; refaites la langue du monde entier, imposez silence au cri de l'âme humaine, qui, sous l'élément variable par lequel le devoir se réalise et s'exprime, aperçoit l'élément stable, l'idée du devoir immuable dans *l'intention* de l'agent. — Nous ajouterons : Vous êtes incapables de faire sortir des sens l'idée de l'infini dont nous sommes pourtant en pleine possession : demandez à la philosophie comment elle le démontre sans réplique : demandez-lui comment elle prouve que toutes les idées absolues se confondent dans une même origine, dans l'idée féconde de l'infini ! comment enfin la raison, pourvue d'une puissance qui lui est propre, en présence du fini tire de son propre fond l'infini, l'infini espace, par exemple, tandis que les sens ne peuvent jamais donner que les corps, et non l'espace qui les contient.

Vient ensuite le scepticisme, sous diverses formes : d'abord un scepticisme résolu qui abuse de l'idée de faillibilité humaine au point d'en conclure l'incertitude universelle ; comme si cette conclusion n'était pas elle-même entachée de doute et d'incertitude, comme s'il était permis de raisonner à qui proclame l'impuissance absolue de la raison! Puis un scepticisme original, fils de l'idéalisme, qui consiste à imposer à la raison un caractère de subjectivité tel que celui de la personne, en qui dès-lors la raison est renfermée, sans pouvoir jamais s'emparer de l'objet réel : ceci mérite quelque attention.

Kant, l'éminent représentant de cette doctrine, s'exprime ainsi : « Le cachet de né- » cessité dont la raison est empreinte détruit » *l'absolu* qu'il prétend fonder, en le dotant » d'un caractère de réflexivité, partant de » subjectivité, c'est-à-dire de relativité ! »

Ainsi, il ne nie point la certitude des notions de l'esprit; elle lui apparaît indubitable en tant que fait psychologique, en tant que fait relatif à l'esprit humain, mais il nie sa valeur objective *impersonnelle*, distincte de l'activité de la personne.

Kant, comme l'a fort judicieusement fait remarquer M. Cousin, n'ayant pas attaché la personnalité à l'activité volontaire, n'ayant pas admis que la raison, bien qu'unie à la personne en est profondément distincte, ne pouvait éviter de poursuivre l'enchaînement logique de sa pensée: « Si la raison est per-
» sonnelle, écrit-il, toutes les conceptions sont
» personnelles, toutes les vérités relatives
» à notre manière de les concevoir. L'exis-
» tence des objets prétendus réels ne peut
» avoir qu'une valeur relative au sujet qui
» les aperçoit, autrement dit *subjective*, mais
» nulle valeur *objective*, c'est-à-dire indépen-

» dante du sujet. » Ainsi, quelle que soit la croyance au phénomène perçu, elle ne saurait rien affirmer au-delà de ce phénomène, elle ne saurait en sortir et saisir l'être réel, de telle sorte que ce qu'on appelle *raison impersonnelle* d'une part, monde extérieur d'autre part, pourrait bien n'être qu'une fantasmagorie, qu'une modalité du sujet transporté hors de lui par sa propre force !

Engagé dans la même voie, Descartes se demandait si le monde extérieur n'était point un rêve. De là, pour atteindre les réalités, cet appel fait à la véracité divine ! Descartes avait raison, c'est en vain qu'on l'accuse de s'être jeté dans un paralogisme ; cette véracité divine qu'invoquait l'illustre auteur des Méditations, qu'est-ce autre chose que la raison universelle et absolue à qui nous appartenons, et dont Fénélon adorait pour ainsi dire la nature par cette exclamation sublime :

« *Raison, Raison, n'es-tu pas celui que je cherche!* » Sans avoir recours à l'analyse si sagace du fait de *spontanéité*, au moyen de laquelle M. Cousin tente d'arracher le principe des axiômes à la réflexion, c'est-à-dire à la relativité personnelle, ne pourrait-on pas demander tout simplement à Kant, avec M. de Rémusat, pourquoi il fait si bon marché de nos croyances invincibles, pourquoi il les sacrifie à un raisonnement, pourquoi il dit au moi, par exemple : ce que tu m'affirmes n'est vrai que comme phénomène *psychologique*, n'est pas vrai comme réalité? Comme si la croyance faisait une différence entre les titres de ces deux affirmations! Comme s'il était possible de conclure même des apparences, sans être placé au point de vue du réel!

Le *réel* est donc en nous; le même moi renferme, outre son activité *personnelle*, sa certitude *impersonnelle*, mère de toute *réalité.*

Une croyance inaltérable nous avertit que nous sommes plongés dans un milieu resplendissant d'une lumière sans mélange, qui est nôtre sans être nous, qui nous aide à contempler tout objectif, et n'a pas plus la propriété de lui imposer sa propre nature, de le transformer en soi, que nous n'avons la faculté d'imposer notre nature finie à la lumière universelle et infinie qui nous oblige.

Si le *réel* est en nous, si nous l'apercevons dans notre vie sous la forme d'un rayon de l'absolu, toujours est-il qu'il ne se phénoménise qu'avec le concours de certaines conditions organiques dont la situation peut activer, obscurcir ou même éteindre sa splendeur. D'autre part, si les conditions organiques servent à le déterminer, et lui imposent leur influence, s'il suit pas à pas leurs évolutions, réagissant sur elles et les modifiant selon certaines lois, toujours est-il qu'il n'a point son foyer dans la matière ! Comment l'y aurait-il, sans perdre à jamais son immuable caractère absolu? Comment l'y aurait-il, si nous avons radicalement tari pour lui la source de la sensation ; si nous l'avons arraché à l'étreinte mortelle de l'idéalisme subjectif; en un mot, si notre conscience le pose au-dessus d'elle-même, en dépit des sophismes, et lui rend hommage comme à sa loi su-prème.

Ainsi, comme nous l'avons montré, il est impossible de commencer l'étude de l'homme, en procédant par voie logique, autrement que par la *psychologie*. D'autre part, n'est-il pas naturel d'attaquer la psychologie par la raison, ce principe de tout savoir? En agissant ainsi, le physiologiste, attentif à re-cueillir tous les éléments de son sujet, aper-çoit tout-à-coup, sous la raison réalisée en différents types, la raison en soi, force *sui*

generis dont je défie de trouver la source
ailleurs qu'en elle-même! Dès-lors, il sait à
quoi rapporter ces aspects du *vrai*, du *beau*,
du *juste*, etc, ces situations, ces élans spontanés de l'âme humaine, modificateurs puissants dont le rôle, dans le vaste domaine de
la vie, n'est encore qu'à peine entrevu. Il
sait que son devoir est de les suivre, de les
apprécier, au milieu des innombrables événements de l'existence, et d'en supputer la
valeur, par une analyse profonde, patiente
et subtile des rapports du physique et du
moral. Il sait enfin que, si l'expérience externe
peut favoriser cette recherche, la raison seule
est capable d'observer la raison.

Agir en dehors de cette méthode, vouloir
d'effets en effets parvenir jusqu'aux sources
de la vie, en procédant expérimentalement
de l'extérieur à l'intérieur, c'est attaquer
au hasard une circonférence inconnue, et

remonter, de degrés en degrés, vers un
principe qu'on n'atteindra jamais dans sa
vraie existence, et qu'on dénaturera certainement, comme l'ont fait les *sensualistes*
et les *organiciens*, en le reléguant dans la
contingence, dans la classe inférieure des
effets.

M. Lordat entrevoyait ce danger, dans son
ébauche si remarquable d'un plan de physiologie, quand il établissait les bases de la
physiologie humaine: 1° sur l'étude du sens
intime, 2° sur celle de la force vitale. Mais
l'erreur du savant professeur est d'avoir fait,
si non mentalement du moins explicitement,
du sens intime une abstraction. En effet, il
appelle sens intime seize modes ou phénomènes de la conscience qui sont, à proprement parler, ses véritables points de départ,
et semblent constituer des formes primitives.
« N'étant pas encore en état, dit-il, d'en

» déterminer la nature, nous nous bornons
» à les considérer comme puissances, en
» attendant que l'analyse puisse nous appren-
» dre ce que sont leurs *substrata* respectifs,
» ou plutôt ce qu'ils ne sont pas. » Avec un
peu plus de hardiesse, M. Lordat aurait certainement saisi ces *substrata,* et assis son
œuvre sur d'inébranlables fondements ; il
aurait évité l'inconvénient de multiplier les
forces, et démêlé, derrière les phénomènes
variés du sens intime, la source profonde
des énergies mères de la vie.

En s'arrêtant à la psychologie empirique
(analyse des facultés), en évitant la psychologie rationnelle (recherche essentielle de la
cause des facultés), le physiologiste de Mont-
pellier espère s'établir sur un terrain solide,
et se mettre à l'abri d'une polémique sans
fin. Comme s'il pouvait oublier qu'en se
confinant dans le point de vue phénoménal,

on prête par trop le flanc aux attaques du scepticisme ! Comme s'il n'entendait pas les raisons sans réplique que Broussais lui-même allègue contre *l'idéologie* empirique des Ecossais ! Il faut au spiritualisme physiologique des bases plus solides que celles de M. Lordat, et nul n'est plus capable de les lui donner que ce digne successeur de Barthès (1).

Poursuivons et concluons :

Quand la raison se saisit elle-même dans son caractère absolu, elle ne se saisit pas seulement comme phénomène, mais comme réalité, comme *substance*. Telle est son irrésistible loi, sans laquelle toute sa valeur expi-

_____

(1) Nous n'entreprendrons point de démontrer ici comment, en se confinant dans le point de vue phénoménal, on s'expose aux coups du scepticisme ; cette solution philosophique fait désormais partie des vérités définitivement acquises à la science.(V.Cousin, préface des Fragments.Charles de Rémusat, Essais de philosophie, *passim*).

rerait dans la contingence, et bientôt après dans le scepticisme! En se reposant dans sa certitude infinie, la raison, loin de se fonder sur la qualité pour aller à *l'être*, s'empare directement de l'être, puisque la pensée en soi est l'être même. Chacune de ses formes phénoménales se sent réalisée, que dis-je? nécessitée par une force active, impersonnelle, invincible, véritable expansion de l'être en soi! Donc, la substance des vérités absolues nous appartient et ne peut pas ne pas nous appartenir : elle nous appartient unique en tant qu'absolue, puisque deux absolus sont contradictoires. Donc, on ne peut se dispenser de ramener à l'unité les différents aspects de la raison, car, en prenant chaque catégorie pour point de départ, en assignant à chacune une puissance particulière, on relègue évidemment l'ensemble dans la relativité! Qu'on y prenne garde, détruire l'unité d'essence n'est rien moins que détruire l'idée même de l'être, c'est-à-dire toute réalité (1); or, on ne peut maintenir l'unité d'essence qu'en effectuant le passage de la *psychologie* à *l'ontologie*, afin de mettre à la disposition du physiologiste notre *énergie rationnelle*, cette cause impersonnelle, cette grande effusion d'une des sources de la vie, qui doit être observée depuis son premier élan jusqu'à ses dernières ondulations.

Voilà ce que peut donner à la physiologie de l'homme le monde des intelligibles qui pro-·clame l'insuffisance de l'expérience externe.

(1) Encore ici nous affirmons sans démonstration une grande vérité philosophique, l'unité de *substance*. La métaphysique chrétienne avait, en attaquant le *dualisme* et les Manichéens, à peu près épuisé cette question. Depuis, la philosophie moderne a achevé d'élever l'unité de substance au rang des principes incontestés. « L'Eléatisme pur, le pur matérialisme, » le dualisme enfin, dit M. Saisset, dans sa belle préface de » Spinosa, ont été relégués dans l'histoire, ou bien ils sont » tombés dons une région si inférieure, que la vraie philoso- » phie n'a rien à y démêler ! »

Nous verrons bientôt comment l'observation
interne, en dégageant de tout phénomène la
force radicale qui le produit, peut dominer
avec sécurité le travail analytique ; comment,
sous sa protection efficace, on peut s'élever
des phénomènes aux lois, des lois aux forces,
sans craindre de confondre jamais la cause
avec l'effet, et de mutiler la notion de la vie
en la courbant sous le joug de quelque généralisation arbitraire ; comment enfin toute
méthode, logique, physiologique, et médicale
doit s'appuyer sur ce réel de l'existence que
nous avons saisi au fond de la raison humaine
et que nous rencontrerons bientôt ailleurs.

CHAPITRE DEUXIÈME.

———

ÉNERGIE VOLONTAIRE.

CHAPITRE DEUXIÈME.

—·—

ÉNERGIE VOLONTAIRE.

Nous avons enseigné, dans notre précédent chapitre, que l'homme est incapable de connaître le *vrai*, s'il ne s'appuie avant tout sur le *vrai en soi*, sur l'absolu de son être. Que si, niant la présence de l'absolu dans la vie, il affirme néanmoins avec audace, il

5

rend par le fait hommage à un principe qui
est au-dessus de sa méthode.

Nous avons enseigné que la sensation ne
donne que le monde phénoménal, c'est-à-dire
le scepticisme en dernière analyse, si la raison ne lui vient en aide pour prendre
possession des réalités.

Voilà pourquoi, divisant en quelque sorte
l'étude du moi, nous avons attaqué celle de
la *physiologie humaine* par cette raison impersonnelle, qui contient sa part du réel de
l'existence, et seule est capable de nous en
livrer le secret.

Mais parmi les réalités que nous livre la
lumière rationnelle, il en est une à qui se
rapporte toute autre, et sans laquelle la
raison elle-même serait pour nous comme
si elle n'était pas. Cette réalité, c'est le sujet
à qui la raison appartient; c'est *l'activité
personnelle*, qu'il nous est impossible d'abs-

traire du phénomène le plus fugitif de notre conscience.

Ce point central de la vie, doté par la raison de la certitude *d'être* et d'être toujours le même, d'être *un* et d'être identique, s'empare de toutes nos facultés, les enchaîne et les unit, les regarde graviter autour de lui comme de changeants satellites, et ne connaît leurs changements que par son impérissable identité. Ou, pour mieux dire, sans cesse modifié, il contemple ses propres modifications du fond de son unité réelle qui ne varie point, et c'est à l'éclair de *l'absolu*, dont il individualise une étincelle, qu'il emprunte la force de poser, avant toute autre, sa propre et indivisible réalité.

Il y a quelque chose qui change en nous, nous le sentons, nous le savons, nous en avons la certitude ; donc il y a quelque chose qui ne change pas.

Ce *permanent*, ce centre de toute vie spirituelle, n'est point un témoin impuissant ;
il est au contraire éminemment une *force*, et
se possède en même temps et comme *force*,
et comme *être*. Comme *force*, puisqu'il s'impute, *clamante conscientia*, ses propres manifestations ; comme *être*, puisque l'activité
suppose l'existence.

Or, s'imputer ses propres manifestations,
savoir qu'on en prend l'initiative, c'est se
savoir *cause*, cause réelle (sui juris), cause
libre enfin ! « L'idée fondamentale de la
» liberté, dit M. Cousin, est celle d'une
» puissance qui, sous quelque forme qu'elle
» agisse, n'agit que par une énergie qui lui
» appartient. » Faut-il invoquer ici le raisonnement ? La raison ne doit-elle pas nous
suffire ? La certitude de notre *être libre* serait-
elle moins absolue que la certitude de notre
être ; ou plutôt ces deux certitudes ne se

confondent-elles pas? Une croyance invincible, en élevant la liberté morale au-dessus
de tous les sophismes, ruine à jamais le Panthéisme, et fait taire la voix de la fatalité.

La liberté en acte, ou déterminée, est
identique à la *volonté;* car prendre une initiative, produire un mouvement qu'on s'impute, qu'est-ce autre chose que vouloir?
Constatons en passant, pour le besoin de nos
doctrines, que c'est dans notre *volonté,* dans
la cause réelle que nous sommes, que nous
trouvons l'idée de cause, et non pas seulement de cause finie, car la raison absolue,
c'est-à-dire l'idée de l'infini, assiste à ce travail! Aussi, voyez quand nous sortons de
nous-même, quand nous contemplons ce
qui n'est pas nous, ce que nous ne saurions
nous imputer, comme l'induction rationnelle
développe irrésistiblement l'idée de cause,
comme elle revêt la cause extérieure de son

propre caractère, de notre propre caractère, et nous élève ainsi jusqu'à la cause absolue, jusqu'à la liberté absolue, jusqu'à Dieu.

Admirable privilége de la psychologie, qui nous livre du même coup les énergies radicales de la vie, et les deux principes sur lesquels repose toute science, savoir : la vérité des perceptions du monde sensible, la validité extérieure de la loi de causalité.

N'abandonnons pas cette puissante idée de cause qui domine tout ; éclairons, s'il se peut, ou plutôt épurons son origine, afin de mieux dévoiler sa vraie nature. — C'est un point aussi important que délicat, qui mérite quelque attention.

On cherchait l'idée de cause, avant Hume, dans l'action de la bille sur la bille, c'est-à-dire dans un phénomène à côté d'un phénomène ; le retoudable sceptique a sauvé la philosophie du mirage de cette illusion.

Maine de Biran la saisit dans l'action de
la volonté sur le muscle, c'est-à-dire, en dernière analyse, dans la volonté. Mais qu'on
y prenne garde, le *nisus* ou effort même,
abstrait de la sensation musculaire, ne lui
suffit pas. Selon lui, la résistance que le
monde extérieur oppose à l'effort musculaire
est l'unique endroit où la volonté se connaît :
d'où il résulte clairement que l'homme débute par la négation, n'arrive au *moi* que
par le *non-moi*, et qu'une paralysie native
des organes du mouvement (qu'on nous passe
l'hypothèse !) le prive à jamais de l'idée de
cause.

Cette opinion nous paraît manquer de
justesse, et abaisser d'un degré la liberté
humaine. N'est-il pas en effet permis de
supposer, avec M. Cousin, une organisation
purement nerveuse, dépourvue d'organes du
mouvement, et d'affirmer que la volonté peut

s'y produire? Le premier acte volontaire ne
peut-il pas être dénué d'antécédent! L'homme
ne peut-il pas aller vers la première résistance
avant de l'avoir connue? Maine de Biran
admet que, dans la première expérience qui
nous révèle à nous-même, nous avons, avec
le sentiment de notre pouvoir actuel, le
pressentiment de sa permanence. Or, le
pressentiment d'une permanence de pouvoir
ne peut sortir que d'une force qui possède
en elle-même la raison de son activité, et
une pareille force peut à coup sûr se passer
de l'occasion d'une sensation musculaire :
s'il en était autrement, si l'idée de notre
liberté dépendait de la résistance à l'effort
musculaire, ou d'une sensation quelconque,
il arriverait qu'en perdant la mémoire de la
résistance, nous perdrions la connaissance
de notre liberté, et qu'il faudrait, pour nous
la rendre, le hasard d'une résistance non

cherchée; qu'en outre, plus grand serait le silence de nos sensations, plus notre liberté serait assoupie !

La liberté humaine n'est point ainsi entièrement livrée aux chances aléatoires de la mémoire ou des sensations. Dieu nous garde qu'elle soit de la sorte à chaque moment scindée, suspendue, abandonnée à la merci du hasard ! Sans doute elle se développe souvent, par véritable réaction, sous l'influence d'une sensation, de la mémoire d'une sensation, etc, (phénomènes qui impliquent le concours d'une force autre que l'énergie volontaire); mais elle se développe aussi, et surtout, par sa propre nature, qui est l'amour de l'activité et de la vie, par sa propre énergie, par son besoin interne d'expansion et de rayonnement. — Or, dans ce développement, on peut le dire, quand la sensation intervient,

elle ne joue jamais qu'un rôle de second
ordre. En un mot, l'être libre possède pleinement, au milieu de certaines circonstances
organiques, la raison de son activité, l'attribut d'une cause première.

N'affaiblissons pas l'idée de notre liberté,
qui n'est déjà que trop restreinte, si nous
voulons peser exactement son importance au
milieu des phénomènes vitaux.

La liberté! telle est la vraie vie spirituelle,
ou mieux, le vrai centre de la vie spirituelle.
Le *moi* se sent, en sa puissance virtuelle
d'agir, dans un besoin constant de dilata-
tion, dont la fin est une *volition,* oui ou non
servie par des organes.

Oserait-on attaquer la validité du cri de
la conscience? Oserait-on dire que la certitude que nous avons d'être *cause première*
n'est peut-être qu'une illusion vaine? que le
moi n'est peut-être qu'un effet? Mais alors

qu'affirmer ? Où chercher le réel ! Comment sortir des apparences ? Prétendra-t-on qu'il n'y a de certain que le visible? Mais comment le connaissons-nous, si non par l'idée que nous en avons, si non par un acte invisible de notre conscience ? Sans la raison qui, ainsi que nous l'avons déjà dit, pose devant nous le visible, non pas seulement pour ce que nous le voyons, mais pour ce qu'il est en réalité, qu'aurions-nous autre chose qu'un rêve? Et maintenant, si le témoignage de la raison est recevable pour le visible, pourquoi ne le serait-il pas pour l'invisible? Qui nous donne le droit de mutiler la certitude? Pourquoi l'œil de l'âme ne vaudrait-il pas l'œil du corps? Singulière inconséquence, qui n'aperçoit pas l'embûche où le scepticisme l'attend!

Nous pouvons conclure de ce qui précède, que nul ne pourrait atteindre le moi dans sa vraie existence, en procédant par voie ex-

périmentale, de l'extérieur à l'intérieur, qu'on
pourrait tout au plus le dénaturer. Mais, à
défaut de la loupe et du scalpel, la raison
s'en empare et le poursuit jusque dans son
essence ; c'est ce que nous espérons démontrer.

Nous savons que l'activité de la personne
libre n'est pas la sensation, puisque souvent
elle la combat ; qu'elle n'est pas la raison,
puisqu'elle s'en distingue. Nous savons
qu'elle n'est pas non plus constituée de telle
sorte que nous puissions lui assigner une
forme, une représentation sensible quelconque, la doter en rien des qualités dont
jouissent les corps à nos yeux ; de telle façon
que c'est bien plutôt en connaissant ce qu'elle
n'est pas, qu'en sachant ce qu'elle est, que
nous la déclarons existence *spirituelle*.

En examinant les corps qui nous entourent,
nous avons la conviction qu'ils ne peuvent

être, pour nous, que sous les conditions de
l'étendue ; qu'en outre, ils sont dans un état
de changement perpétuel. Si donc, des différentes parties d'un corps nous formons une
unité, ce n'est qu'une unité abstraite et
divisible. Nous nous la représentons, nous
lui donnons une forme, nous constatons
qu'elle n'est jamais la même, puisque chaque
moment apporte un changement quelconque
en elle. De même nous formons des unités
de convention ou nominales avec certains
actes qui ont leur représentation sensible.
Ainsi, par exemple, qu'on ne nous dise pas
que le mouvement en soi est indivisible! il
n'y a pas de mouvement, il n'y a que des
corps qui se meuvent! Le mot mouvement
est un *abstrait* qui représente une unité de
convention.

L'unité du *moi* est d'une toute autre nature ; c'est une unité réelle, une unité sim-

ple, sans parties! La raison humaine est en droit de l'affirmer. Sous quels traits, en effet, nous représenter cette unité? La pensée ineffable de notre vie active et libre, c'est-à-dire de notre existence spirituelle, a-t-elle besoin d'images ou de mots? Peut-elle être divisée? Demandez vous ce que signifie une portion de moi ou la moitié d'une volonté. Vaine tentative! Le moi est un! S'il n'était un, d'une unité absolue, nous tomberions dans la divisibilité infinie, c'est-à-dire dans le néant, comme nous le montrerons bientôt.

Sans l'unité absolue du *moi*, point de conscience! Qui peut dire ma mémoire, mon imagination, mon plaisir, ma volonté? Celui-là seul qui est un au milieu du multiple. Tout change en nous, passions, sentiments, désirs, etc.; mais dire que tout change, n'est-ce pas dire que quelque chose ne change

pas? Comment saurions-nous le changement,
si nous ne pouvions le comparer au point
fixe de notre être? La mémoire est à ce prix;
je me souviens, donc je suis celui qui ai
jadis été, je suis celui qui existe encore. Il
est resté en moi quelque chose de moi-même,
et je constate ainsi mon identité. Qu'on y
réfléchisse, l'identé du moi est la persévé-
rance de la durée de son unité absolue; car
ce qui est *un* peut seul être capable d'identité, c'est-à dire être au-dessus des variations. Quel composé reste jamais deux instants semblable à lui-même?

Ce qui est *un* d'une unité absolue est en
soi et par soi, puisque l'absolu se suffit à
lui-même! — Ainsi, derrière les phénomènes
libres, déterminés et partant limités, la
raison trouve ce qui les contient, ce qui est
indéterminé, ce qui n'est pas phénoménal,
ce qui est en soi, la *substance!* Mais à pro-

prement parler, cet état de la liberté n'appartient point à la conscience, puisque tout ce qui est dans la conscience est réfléchi, c'est-à-dire déterminé. L'induction rationnelle peut seule atteindre l'indéterminé.

Cependant, en dehors de notre puissance inductive, qui effectue le passage de la psychologie à l'ontologie, la conscience est-elle complètement muette sur le mystère de la substance, ne nous livre-t-elle rien de l'indéterminé? — Observons avec attention, en nous concentrant dans la vie intérieure, ce qui se passe quand la volonté se développe, et nous aurons peut-être une réponse à cette question.

Il est un moment indivisible pendant lequel *l'être en soi* prend l'initiative de se déterminer: ce premier mouvement en ligne droite, qui n'est pas la réflexion, puisque la réflexion est profondément déterminée,

est ce que M. Cousin appelle la *Spontanéité*.
Il est clair que la *Spontanéité* oblige la cons
cience, mais ne lui appartient pas, puisque
la conscience est la réflexion, que la réflexion
est déterminée, et que le *spontané* ne l'est
pas. Mais la conscience ne jette-t-elle pas
ici, qu'on nous pardonne l'expression, un
regard rapide et fécond dans le domaine de
l'ontologie? Ne pose-t-elle pas le pied sur
un seuil mystérieux? — « En nous exami-
» nant en paix, dit le chef de notre école
» éclectique, nous saisissons, dans l'instant
» même de la réflexion, et sous cette acti-
» vité qui rentre en elle-même, une activité
» qui a dû se déployer sans se réfléchir. »
— Oui sans doute, et M. Cousin aurait pu
poursuivre cette pensée! Sentir la durée, la
permanence de notre liberté, c'est saisir directement et incessamment une lueur du
spontané. Nous constatons, en effet, dans

la pensée de la vie, sous le phénomène
réflexif un retentissement continu de l'expansion spontanée, une vibration non interrompue de l'élan qui réalise le fait de conscience *moi*. Cette vibration se mêle à tous
les actes de la réflexion, comme une tendance
vague et mystérieuse, comme un besoin,
comme un amour voilé de développement et
de vie, et nous murmure sans cesse le secret
de l'absolu de notre être aimant, puissant
et intelligent! C'est ainsi que la conscience
elle-même entrevoit l'intelligible, et rend un
faible mais précieux hommage au travail de
l'induction.

Le matérialisme insiste cependant. Sa plus
terrible objection s'appuie sur l'impossibilité
dans laquelle nous sommes de comprendre
l'action de l'esprit sur la matière, du simple
sur le composé. Pour trancher la difficulté,
il fait bon marché de cette unité réelle du

moi que nous avons proclamée. Vainement,
comme nous venons de l'écrire, la conscience
atteste-t-elle que nul n'est capable de se
représenter un moi divisible, c'est-à-dire
composé de parties; qu'importe! Cette attes-
tation de la conscience est illusoire; il faut
la sacrifier à l'impossibilité dans laquelle
nous sommes de comprendre l'action de
l'inétendu sur l'étendu, c'est-à-dire qu'il faut
conclure de ce que nous voyons à ce que
nous ne voyons pas, et déclarer que tout est
composé de parties!

Qu'est-ce, en effet, que le simple pour le
matérialisme? Une chimère aussi vaine que
ridicule! Néant et inétendu sont pour lui
termes synonymes! Qu'entend-il par unité?
Un tout composé de parties liées entre elles;
mais l'unité sans parties lui fait horreur, et s'il
ne se représente pas une pensée, c'est qu'ap-
paremment son œil ne peut plonger dans le

cerveau pensant : car le cerveau n'est pas
une chose et l'intelligence une autre chose ; le
cerveau et l'intelligence ne sont qu'un! De
ce que certaines situations organiques en-
traînent certaines situations morales, on
conclut des organes à l'intelligence, on affirme que le physique est le moral même,
que tel acte intellectuel n'est en définitive
que telle manière d'être du cerveau ; qu'enfin
il y a identité substantielle (ce qui veut dire
ici matérielle!) entre le système nerveux et
ce qu'on appelle l'esprit humain. — Il est
bien entendu que nous voulons parler du
matérialisme conséquent et résolu.

Résumons, s'il se peut, sous une forme
concise et saisissante, la réfutation qu'on
peut opposer à ces objections.

Le cerveau, unité abstraite, est composé
de parties, puisqu'il existe sous les conditions
de l'étendue. Ces parties, indéfiniment divi-

sibles sont, dans l'hypothèse matérialiste, autant d'êtres forts qui convergent tous vers un même but, celui de réaliser la pensée, c'est-à-dire le *moi pensant*. Ainsi le cerveau, assemblage de sang, de matière nerveuse, de fluides divers, emploie chaque partie de lui-même à la réalisation de ce phénomène, *moi*. Il s'agit de savoir comment telle molécule nerveuse, telle molécule sanguine, telle molécule impondérable, etc., se détermine vers un but un? Serait-ce qu'elle trouve en elle-même la raison dernière de sa détermination? Serait-ce qu'elle se détermine voulant se déterminer? Dès-lors, nous sommes obligés de reconnaître dans chaque molécule ce qui constitue un moi parfait et complet, c'est-à-dire la *liberté*, et nous arrivons ainsi à supposer des milliers de moi pour en constituer un seul. Quel cercle! Serait-ce que chaque molécule ne contient qu'une portion de ce qui constitue le moi? Dès-lors comment est-elle apte à se déterminer *proprio motu*, à choisir sa route? Comment peut-elle avoir la dernière raison de son acte en elle-même, comment est-elle *cause?* Puis enfin, qu'est-ce après tout que la molécule? N'est-ce pas, comme le cerveau, une unité abstraite composée de parties divisibles à l'infini? Voyez-vous les *moi* se multiplier et se multiplier encore? Que deviendra le moi, un et réel, dans cette absolue dissolution de tout élément composant? — Il nous faut une cause cependant, une cause absolue, une cause libre! (1) — Ici le matérialisme fait un appel à la cause première. Poussé dans ses derniers retranchements, cet ennemi de tout

(1) Une cause libre est absolue en ce sens qu'elle est absolument libre, donc une cause contingente peut être dite absolue, bien qu'elle ne soit pas la cause absolue et universelle, la cause des causes.

mystère, qui n'admet de certain que ce qu'il voit, se jette les yeux fermés dans le sein mystérieux de la cause des causes. Je dis les yeux fermés, car la première conséquence de cette construction est de faire un moi sans cesse réalisé, dans toutes ses situations, par une cause qni n'est pas lui-même; de faire un moi courbé sous le joug du fatalisme.

Si encore le matérialisme arrivait à une explication, on lui pardonnerait d'avoir immolé le cri de la conscience à la logique, mais il n'arrive qu'à admettre ce qui tout d'abord l'avait fait tressaillir d'effroi : l'action de l'unité réelle, du *simple*, sur le composé! — Osera-t-on dire, comme M. Rochoux, dans son article Psychologie du dictionnaire de médecine, que Dieu est étendu? Mais alors, nous diviserons la cause première à l'infini, et nous répéterons, relativement à chacune de ses parties, ce que nous avons

déjà dit du cerveau et des molécules céré-
brales ; défiant quiconque de rompre le
cercle vicieux autrement que par l'idée
nécessaire du *simple*.

Du reste, cette idée du simple, de l'inétendu, de la force en soi, de l'esprit, comme
disaient nos pères, est tellement nécessaire
que sans elle il nous est impossible de rien
comprendre ! — Que répondraient nos Héra-
clites modernes au défi des Eléates ? Que répondraient nos empiriques à un nouveau
Zénon, qui leur dirait : — « Sans l'unité
» absolue, sans le *simple*, c'est-à-dire dans
» l'hypothèse de la divisibilité à l'infini,
» ni continu, ni contigu ; pas de temps, pas
» d'espace ; nulle succession, nulle totalité,
» nulle coexistence, nul rapport de points
» ou de moments ; chaque point est un
» infini de points qui se dissolvent et se dis-
» solvent indéfiniment ; chaque moment un

» infini de moments qui se divisent et se
» divisent à l'infini ; de là le vide absolu,
» et, dans ce vide absolu, l'absolue disso-
» lution de tout élément composant, si petit
» fût-il, soit de temps, soit d'espace ; par
» conséquent pas de mesure possible du
» temps, là où il n'y a plus de temps, et
» aucun passage d'un lieu à un autre, là où
» il n'y a plus d'espace, par conséquent pas
» de mouvement ! » — Donc le simple habite
au fond du composé !

Résumons-nous :

La cause libre que nous sommes puise
dans son propre sein la raison de son action,
puisqu'elle est libre. Elle se phénoménise
avec le concours de certaines circonstances
d'organisation. Ici nous pourrions répéter,
relativement à l'énergie volontaire, tout ce
que nous avons dit de l'énergie rationnelle,
savoir : combien il importe au physiologiste,

8

après avoir constaté dans l'homme cette cause première, de la suivre dans les mille détails de ses rapports avec tout ce qui n'est pas elle, de l'étudier, de s'en servir, soit comme élément modificateur, soit comme élément modifié, de s'enquérir enfin avec sollicitude du rôle qu'elle peut jouer, en tant qu'une des sources radicales de la vie. — Nous ne faisons qu'indiquer, en passant, la haute utilité de cette étude, qui sera soutenue par l'observation externe, quand nous sortirons des principes, pour examiner le tableau de la vie en acte sous les conditions de la matière étendue et organisée.

Toujours est-il que nous avons trouvé dans *l'énergie volontaire*, comme dans *l'énergie rationnelle*, ce réel de l'existence dont on déplore l'invalidité même dans les plus fermes écrits de la physiologie spiritualiste. Mais pour trouver ce réel, nous avons dû faire un appel aux forces irrésistibles de la raison, qui nous ont de nouveau livré *l'être en soi*, la *substance*. Or, comme *l'être en soi* est absolu, et que l'absolu est un, il est évident que substantiellement les énergies radicales se confondent dans la même unité. — Reste le mystère insoluble de la variété dans l'unité, du fini dans l'infini, du libre dans le nécessaire. — Mais qu'importe ce mystère redoutable! Qu'importe le rapport ignoré de deux termes connus, si les deux termes nous sont réellement acquis sans que rien puisse ébranler la certitude de leur coexistence! Qu'importe le comment du phénomène libre et spontané! Qu'importe la contradiction apparente de la substance et de l'activité absolue se déterminant dans des activités personnelles; si nous savons, *certissima scientia*, que notre liberté n'est point un rêve, et que le *réel* de l'existence identique

à l'absolu, ce *réel* indispensable à la physiologie comme à toutes les sciences, nous appartient par droit de conquête rationnelle!
Ne voyez-vous pas que, si le fantôme d'une
contradiction effraie nos faibles regards,
c'est qu'ils ne font qu'entrevoir l'élément
générateur, *l'infini!*

Tel est le résultat de l'observation interne!
Ne craignons point de le répéter, c'est en
rapprochant cette observation de la méthode
expérimentale, c'est en fécondant l'une par
l'autre ces deux manières également légi-
times de connaître le vrai, qu'on parviendra
à sauver la physiologie de l'homme des conceptions hypothétiques et des systèmes tran-
chants qui voudraient enchaîner le progrès
dans le cercle étroit de leur horizon.

CHAPITRE TROISIÈME.

ÉNERGIE VITALE.

CHAPITRE TROISIÈME.

—

ÉNERGIE VITALE. (1)

Nous avons commencé notre œuvre par une analyse de la raison, parcequ'en défi-

---

(1) Toutes les énergies radicales sont évidemment des énergies vitales ; mais nous donnerons particulièrement ce nom à la force vitale des physiologistes, à cette force dont le principal rôle est de constituer et de maintenir l'unité et l'harmonie de l'organisation.

nitive la raison est la lumière, et que sans
la lumière il n'y a point de jour, point de
connaissance. Nous avons trouvé dans cette
raison universelle la clef du passage précieux qui mène de la psychologie à l'ontologie, du phénomène à l'être, en même
temps qu'une des énergies mères dont le
concours détermine la vie phénoménale.

Puis, sous l'efficace de la lumière rationnelle, contemporain de son développement,
le Moi nous est apparu dans sa force et dans
sa liberté. Nous l'avons vu dans sa vie toute
spirituelle entrer en scène par sa propre
puissance, et, par son choc contre tout ce
qui n'est pas lui, établir la négation, le
dehors opposé au dedans, le sujet et l'objet.
C'est ainsi que nous avons saisi de nouveau
le réel de la vie dans une seconde énergie
radicale.

Cherchons maintenant s'il n'est point une

troisième et dernière force, participant jusqu'à un certain point de la nature et des caractères de la raison et de la volonté, et s'unissant à l'une et à l'autre pour réaliser l'infinie variété des phénomènes anthropiques, issus par conséquent d'une triple origine? Cherchons enfin si la force vitale des physiologistes doit représenter un abstrait ou une réalité?

Ici l'observation interne va nous prêter encore son puissant appui, et ce n'est qu'à travers ses révélations que nous pourrons arriver à propos sur le terrain de l'expérience. Ce n'est qu'à travers un fait sans lequel l'homme ne sortirait pas de lui même, fait qui appartient à deux mondes, puis qu'il établit un des principaux et mystérieux rapports de la matière et de l'esprit, fait contemporain du moi, qui le complète en le faisant homme, c'est-à-dire en le déterminant dans l'espace et dans le temps, que nous arri-

verons à la source profonde de notre existence.

Ce fait, ce phénomène, l'un des plus émi-
nents de la vie, hâtons-nous de le nommer;
c'est la *sensation*. Nous le regarderons de
près, en le traversant, afin de le mettre à
sa véritable place, afin de restreindre son
rôle hypothétique, qui encombre la physiologie et trompe plus d'un regard exercé.

Le moi dans son libre épanouissement ne
rencontre pas seulement des phénomènes
internes qui sont en rapport avec lui, ou,
pour mieux dire, qui lui appartiennent sans
être lui; il rencontre et distingue, avec l'aide
de la raison, et saisit, dans une ample certitude, tout un monde extérieur dont l'ap-
parition, plus ou moins claire, plus ou
moins obscure, est incessamment l'occasion
du développement de la conscience.

Mais comment le matériel externe nous

est-il donné? Évidemment par l'établissement
d'un rapport entre le dedans et le dehors,
entre le sujet et l'objet. Ce rapport quel
est-il? La sensation, dont l'organisme est
le moyen et l'instrument.

En effet, le rapport de la personne avec
l'extérieur n'est point un rapport immédiat.
Entre elle et l'univers, comme moyen d'union,
de limite, de détermination, d'actes exécutés
sous les conditions de l'étendue, c'est-à-dire
divisibles, existe un corps, un organisme,
véritable pont jeté entre le dehors et le dedans.
Souvent la personne l'aperçoit comme objet,
mais comme objet sien, avec lequel elle vit
dans une profonde intimité ; qu'elle aime
comme la source de ses plaisirs, comme
l'instrument de ses actions ; qu'elle déteste
parfois comme le mauvais génie de ses passions et de ses erreurs ; contre lequel elle
lutte ; en faveur duquel elle s'immole, dans ses

plus chers, dans ses plus nobles sentiments ; qu'elle sait enfin capable de faire contrepoids à l'appel de la raison, à l'appel d'en haut, afin de réaliser le mérite par le combat.

Si le lien d'intimité phénoménale de l'esprit et du corps, si le secret de leur amour et de leur antipathie, est surtout ce phénomène aussi varié que fugitif appelé sensation, qu'est-ce que la sensation? En essayant de résoudre cette question ardue, délicate et subtile, nous arriverons peut-être à faire cesser l'ambiguité d'un terme qui, pris dans diverses acceptions, représente des faits de nature bien différente; à détruire enfin l'amphibologie dans les mots et la confusion dans les choses.

« La raison, dit M. Cousin, qui agit sous
» la loi de causalité et de substance, nous
» force de rapporter le phénomène de la sen-
» sation à une cause existante : or, cette

» cause évidemment n'étant pas le moi, il
» faut bien que la raison rapporte la sen-
» sation à une autre cause. Elle la rapporte
» à une cause étrangère au moi, placée hors
» de la domination du moi, à une cause
» extérieure... Variez et multipliez la sensa-
» tion, la raison la rapporte toujours né-
» cessairement à une cause qu'elle charge
» successivement, à mesure que les expé-
» riences s'étendent, non des modifications
» internes du sujet, mais des propriétés ob-
» jectives capables de les exciter. » Ces
quelques lignes sont de nature à faire entrevoir le vrai sens du terme sensibilité.

A proprement parler, il n'y a point de
véritable sensibilité hors du moi, et c'est détourner ce mot de sa stricte et légitime
application que de s'en servir à la fois pour
des phénomènes organiques et pour des phénomènes hyperorganiques. La vraie sensibilité

est une aptitude du moi à être modifié par une
cause qu'il ne s'impute pas, par une cause qui
n'est que l'occasion de la modification toute
spirituelle qui constitue le fait psychologique
sentir. Occupons nous donc de la vraie sensibilité, de la sensibilité considérée comme
une faculté *sui generis*, qui n'appartient qu'à
la vie de la conscience ; laissons un moment
la matière de la sensibilité, pour la sensibilité même· en disant ce qu'elle est, nous dirons suffisamment ce qu'elle n'est pas, et
nous frapperons au cœur, du même coup,
le vice de la forme et l'erreur du fond.

La sensibilité devant être considérée
comme l'aptitude du sujet à sentir, il est
clair que celui-là seul doit être réputé sensible qui peut éprouver la sensation. Ces
deux termes s'impliquent, et, si nous parve-
nons à démontrer que la sensation participe
de la nature même du moi et n'est rien sans

lui et hors de lui, nous aurons déterminé la
nature et la place de la sensibilité. Cette démonstration importe à la physiologie ; il faut
qu'elle sache que tout ce qui se passe dans
l'organisme, sous l'empire des forces, en
tant qu'évolutions matérielles, suppose une
aptitude distincte de la sensibilité, qu'il n'y
a point de vie sentitive impersonnelle, et
que ces termes impropres et abstraits, sensibilité organique, animale, etc. (causes prétendues de tous les phénomènes vitaux pour
la plupart de nos physiologistes) représentent
des faits qui sont éloignés de la vraie sensibilité de toute la distance qui sépare la matière de l'esprit, le composé du simple ;
qu'enfin on confond le moyen, l'occasion,
le mécanisme du fait avec le fait lui-même.

Bien que la sensation soit indivisible en
soi, nous allons nous efforcer d'établir en
l'étudiant quelques distinctions utiles.

Il est une nombreuse classe de sensations d'une nature particulière que nous rapportons à un siége organique. Elles nous paraissent mériter le nom de sensations physiques, que nous leur accorderons par simple mesure d'ordre, sans oublier l'essence purement spirituelle du sentir. Leur nature propre n'échappe point à l'œil de la conscience, seul apte à les distinguer des sensations d'une autre espèce. Et, qu'on veuille bien le remarquer, ce n'est pas parce que la sensation est localisée que notre conscience la déclare sensation physique; c'est parce qu'elle la sent être telle purement et simplement. En effet la sensation physique existe quelquefois sans localisation et n'en est pas moins déclarée sensation physique par l'âme. Comment? Nul ne peut le dire, mais chacun est en mesure de le savoir. Ne distinguons-nous pas parfaitement de nos sentiments et

de nos perceptions certaines sensations vagues
et sans siége? Ce paralytique de Maine de
Biran qui éprouvait une vive douleur,
quand on piquait le membre paralysé, sans
pouvoir assigner un siége à cette sensation
pénible, ne distinguait-il pas dans le fait de
conscience la nature particulière de la sensation?

La localisation de la sensation ne change
pas la nature de ce phénomène, qui n'est,
je le répète, que le sujet sentant. La localisation n'est que la détermination du lieu par
lequel le sujet est sentant et n'ôte rien à la
nature hyperorganique du sentir; le mystère de l'union du simple et du composé
n'est pas plus redoutable ici qu'ailleurs!

Le second ordre de sensations dont nous
dirons un mot peut naître, sans aucun doute,
à l'occasion des sensations physiques, mais
sa cause réelle est au fond de l'énergie ra-

tionnelle. Ce n'est pas ici le lieu de rechercher dans leur origine supérieure les différents modes du moi subissant l'influence de
la raison, d'étudier sous leurs aspects divers
des sensations particulières dites *morales;*
qu'il nous suffise de prononcer leur nom,
sentiments, pour qu'elles soient irrévocablement distinguées des premières.

Faut-il ajouter que les sensations morales
ne sauraient être localisées? Souvent, il est
vrai, elles ont pour cause occasionnelle une
sensation physique; souvent aussi, par réaction, elles peuvent déterminer des sensations de cet ordre; mais, dans tous les cas,
elles ne restent pas moins ce qu'elles sont au
fond de la conscience humaine, qui voudrait
en vain les méconnaître ou refuser de les
mettre à part.

Enfin le troisième ordre de sensations a
été souvent placé hors du cadre des sensa-

tions sous le nom de *perceptions*. Ce nom
nous paraît assez judicieusement choisi ; cependant il s'agit de savoir si une perception
n'est pas une sorte de sensation, et ne doit
pas conserver dans le langage un souvenir
de sa nature ?

Nous avons vu que la conscience était seule
apte à distinguer la sensation physique et la
sensation morale sans pouvoir jamais les
confondre ; distinction toute subjective dont
le critère est dans l'expérience interne que
chacun de nous peut invoquer. Maintenant
examinons si la conscience n'en découvre pas
une troisième espèce, qui n'est ni la sensation
physique, ni la sensation morale (sentiment)
et qui serait peut-être bien caractérisée par
le nom de sensation intellectuelle ?

Parmi les organes qui nous mettent en
rapport avec le monde extérieur, les organes
de l'ouïe et de la vue exécutent leurs fonc-

tions dans des conditions particulières. En
effet, lorsque nous entendons un son, lorsque
nous contemplons un objet, notre conscience
ne nous avertit ordinairement d'aucune
espèce de sensation physique, d'aucune
espèce de sensation morale primitive. Notre
conscience ne nous avertit que d'un fait,
du fait de connaissance, dont les deux termes
sont, d'une part, le moi qui contemple,
d'autre part, l'univers qui est contemplé,
abstraction faite de l'organe. C'est-à-dire
qu'ici, malgré le silence de toute sensation
physique ou morale, le moi ne peut éviter
d'avoir conscience de son choc contre la
cause qui n'est pas lui, et c'est ce choc que
nous croyons devoir désigner par le nom de
sensation intellectuelle, parce que réellement
il est d'une nature particulièrement intellectuelle, distinct des sensations morales,
éminemment dominées par les caractères

supérieurs de leur origine, distinct des
sensations physiques, qui, localisées ou non
localisées, ont toujours leur physionomie
propre vigoureusement accentuée sous l'œil
de la conscience. Que, dans ce cas, le rapport de la conscience avec les corps de la
nature soit un rapport médiat et non immédiat, nul n'en doute ; qu'il se passe dans
les organes de l'ouïe et de la vue des
phénomènes analogues à ceux qui pro-
duisent des sensations physiques, c'est très-
probable ; mais toujours est-il que la sensation dite par nous intellectuelle a sa manière
d'être, sa forme particulière nettement
aperçue par la conscience dans le choc de la
cause moi contre la cause non moi. Et qu'on
ne prétende pas que la sensation intellectuelle n'est qu'un degré inférieur de la sensation physique. Car lorsqu'une vive lumière affecte douloureusement l'œil qui voit,

l'esprit a conscience de deux événements simultanés et différents, celui de sensation physique localisée, et celui de perception ou sensation intellectuelle tel que nous venons de le décrire. (1)

En résumé, bien que la sensation soit un phénomène indivisible qui n'a en soi d'autre essence que celle de l'âme elle-même, le moi se connaît sentant de trois manières principales, sans cesse mêlées, sans cesse modifiées les unes par les autres, en raison de leurs diverses origines, et réalisant sur une échelle infinie des nuances sans nombre, qui constituent le fond tumultueux et changeant de notre vie spirituelle. Toutes s'exécutent sous les conditions de l'organisme ; toutes, qu'on nous permette de l'indiquer

_____

(1) Evidemment le choc et la pensée s'identifient dans un phénomène indivisible.

en passant, dans leur infinie variété, commandent par réaction une pareille variété de phénomènes vitaux non moins féconds pour réagir et donner à leur tour l'existence à de nouveaux essaims de sensations. Cercle admirable qui élève le psychologue au niveau du physiologiste, ou plutôt les identifie sur un terrain commun!

Il s'agit maintenant de démontrer ce que nous venons d'enseigner; savoir : qu'il n'y a pas de sensation proprement dite hors du moi sentant.

La physiologie moderne, cette ennemie hautaine de *l'ontologie*, a fait et fait encore, qu'elle le sache ou l'ignore, de *l'ontologie* pure sur la question de sensation. Or, il n'est pas de pire ontologie, d'ontologie plus stérile et plus dangereuse, que celle qu'on fait sans le savoir! S'abuser à ce point de prendre un effet pour une cause, de créer une sorte d'être-sensation, vivant de sa vie propre en dehors du moi, et dominant tous les phénomènes physiologiques, c'est faire un rêve ontologique passablement étrange, surtout quand on se pique de rigueur et de positivisme.

Nous espérons faire toucher au doigt la validité de nos accusations ; en attendant, poursuivons l'exposition de nos principes.

Maine de Biran entrevit le premier le danger d'une illusion funeste et voulut le faire cesser ; mais tout en relevant, à propos des diverses sensibilités de Bichat, une amphibologie grosse d'erreurs, tout en élevant d'un degré la sensation que le Bichatisme identifiait, pour ainsi dire, avec l'organe sentant, il ne put éviter une confusion du même genre, et sa manière de concevoir la sensibilité animale lui ôte le droit de se plaindre des conceptions de ses devanciers. Suivons

un instant ce maître de la physiologie spiritualiste moderne. Si notre discussion atteint,
comme nous l'espérons, toutes les opinions
à travers les siennes, nous en finirons peut-
être avec la sensation.

« Otez, dit-il, la conscience ou le moi
» d'une sensation, que reste-t-il? Rien ou un
» pur abstrait, répondront tous nos métaphy-
» siciens, physiologistes et autres. Je prétends,
» moi, que ce qui reste est encore un fait, un
» mode positif de l'existence animale, qui
» constitue la vie même tout entière d'une
» multitude d'êtres, auxquels nous accor-
» dons avec raison une sensibilité et tout
» ce qui en dépend, sans être nullement fondés
» à leur accorder une pensée, un moi. »

Il ajoute :

« Un être qui serait privé de la faculté
» de vouloir ou de commencer une série de
» mouvements, d'actes internes ou externes,

11

» avec effort voulu ou senti ou intérieure-
» ment aperçu, n'ayant aucun sentiment
» d'une force propre à lui, ne saurait conce-
» voir l'existence d'une force étrangère quel-
» conque comme productive des impressions
» sensibles reçues ou des mouvements opé-
» rés. La distinction de moi et de non moi,
» de cause et d'effet, ne saurait avoir lieu.
» Dans ce cas, l'âme identifiée avec ses mo-
» difications successives, selon l'expression
» de Condillac, ne serait jamais par elle-
» même rien de plus que la sensation, ce
» qui revient à dire que le moi n'existerait
» en aucune manière. Par conséquent point
» de perceptions telles que les nôtres, mais
» une suite d'impressions affectives, modes
» impersonnels d'une existence toute ani-
» male... l'organisation purement nerveuse
» et sensitive n'obéit point à l'âme humaine;
» elle absorbe la volonté et aveugle l'intel-

» ligence. » Maine de Biran termine par quelques exemples destinés à soutenir les principes précédents, etc.

Nous aurons à prouver contre lui :

Que les êtres qui vivent sans un moi, ou sans un centre analogue au moi, à proprement parler ne sentent pas;

Qu'on ne peut se faire aucune idée d'une existence purement sensitive, dont les modes ne seraient ni distinctement aperçus par un moi ni représentés hors de lui comme des phénomènes d'une nature toute extérieure;

Qu'il est impossible de dire que la personne est absorbée par la sensation sans dire un non sens;

Que ce qui reste, quand on ôte le moi d'une sensation, n'est, sauf l'effort même des énergies, qu'évolutions de la matière et doit perdre le nom de sensation;

Qu'enfin les exemples proposés de cette

singulière existence mixte qui n'est ni l'âme
ni la matière, ni le moi simple, ni le phénomène externe divisible, sont très-loin de
nous la révéler.

Nous comprenons parfaitement l'impossibilité dans laquelle serait un être privé de
la faculté de vouloir de concevoir l'existence
d'une force étrangère ; mais en ajoutant que,
pour un pareil être, la sensation subsisterait
encore, en décrivant toute une vie sensitive
de cette nature (sensitive sans moi sentant!),
Maine de Biran fait un roman et commence
par poser en fait ce qui est en question. Il
s'agit justement de savoir si, la distinction
plus ou moins claire du moi et du non moi
n'existant plus, il y aurait impression sensible. Examinons.

Le vouloir en tant que phénomène n'est
pas toujours semblable à lui même ; il y a
des degrés infinis et profondément mysté-

rieux, depuis la volonté bien claire et bien déterminée, c'est-à-dire marquée d'une empreinte prononcée de réflexivité, depuis cette volonté qui renferme, à notre sens, l'idéal du libre arbitre humain, jusqu'au moment où la volonté cesse comme phénomène pour rentrer dans le sein de la substance; moment éminemment obscur! De même il y a des degrés sans nombre depuis cet instant indivisible et non moins obscur, premier phénomène de l'être sortant de sa virtualité pour se déterminer dans un jour de plus en plus clair, jusqu'au *summum* de la réflexion et de la lumière. De telle sorte que le choc de la cause que nous sommes contre la cause qui n'est pas nous, en d'autres termes la sensation, suit pas à pas les mêmes degrés d'obscurité et de lumière jusqu'au moment où tout choc cesse; dès lors plus de distinction, plus de conscience.

Or, à dater de ce moment, la raison s'é-
puiserait en vain à chercher à concevoir
l'ombre d'une sensation! Ce serait inventer
une personnalité sans personne, un être que
la conscience ne saurait atteindre, puisque
la conscience n'est plus, que l'œil ne saurait
voir, puisqu'il ne voit que les organes qui
servent la sensation, mais la sensation en
nature, jamais! N'est-ce donc pas la plus
vaine de toutes les chimères que celle dont
nul ne peut avoir la représentation soit
idéale soit *objective*, et qui n'existe que
nominalement, dans l'habitude abusive d'un
mot!

Mais voilà que l'être sort du sein de la
substance, passe de la puissance virtuelle à
l'acte, se détermine et se saisit dans le fait
de conscience moi. Comment cet événement
s'est-il réalisé? De deux manières: 1° L'être
a pu puiser dans son propre fond le motif

de sa manifestation phénoménale, sa tendance à l'expansion a pu réaliser seule le
phénomène ; dans ce cas l'élan de la volition
a été pur, est resté vierge à sa naissance de
tout choc contre la cause objective, de tout
contact avec le non moi. Cette situation est
le premier pas de la spontanéité, état obscur, profond, principe et crépuscule de notre
liberté, dans lequel le phénomène est en
quelque sorte enveloppé par la substance.
2° L'être a pu être provoqué par les causes
objectives à passer de la puissance à l'acte ;
mais avant de se heurter contre la cause qu'il
ne s'impute pas, il débute toujours par l'état
obscur que nous venons de décrire. Dans
l'un et l'autre cas il existe un moment où le
fait de conscience voit poindre sa première
lueur, et, tout état de la conscience étant
susceptible de durée, ce moment peut se
prolonger comme un murmure en laissant

le moi presque indéterminé dans un vague demi-jour. Or, ici la sensation peut aussi poindre, mais toujours d'une manière relative à l'état de la personne, puisqu'elle n'est autre qu'un des modes de la personne. Elle participera donc de son obscurité comme elle participera de l'éminent degré de clarté qui appartient à la réflexion. Cependant, que l'être du faite de la réflexion rentre peu à peu dans sa virtualité par le même chemin, qu'il y ait diminution, puis absence complète de détermination personnelle, nous ne voyons plus une seule place pour le point de vue phénoménal, partant pour la sensation.

Les détails analytiques dans lesquels nous venons d'entrer feront peut-être comprendre ce que doit être la sensation devenue identique à l'état le plus obscur de la conscience ; ils expliqueront l'erreur de ceux qui, n'apercevant la personnalité que dans la volonté nettement déterminée, admettent une vie sensitive hors du moi pour se rendre compte de certains états dans lesquels les forces impersonnelles dominent à tel point la personnalité qu'elles semblent l'effacer.

Ceci posé, cherchons ce que c'est en réalité qu'une sensation absorbant la personne, qu'une sensation hors du moi sentant?

Comme tous les phénomènes de conscience, qu'on veuille bien ne pas l'oublier, s'exécutent sous les conditions de l'organisme, et seulement sous ces conditions, il est évident que les différents états de la conscience, clairs ou obscurs, que nous venons de signaler, exigent autant de rapports différents entre la matière et l'esprit. D'où la nécessité que ces rapports soient déterminés par une cause. Or, que la sensation, toujours identique à ces rapports, nous appa-

12

raisse physique, morale ou intellectuelle, le moi, sans rester jamais entièrement inactif (puisque l'inaction absolue du moi est le néant de la conscience), le moi, dis-je, qui ne produit pas la sensation est loin de se l'imputer et la rapporte à une cause objective. Il la subit donc, tout en y participant, et se sent souvent incapable de l'arrêter ou de la maintenir.

Ici, pour plus de clarté, nous négligerons la cause radicale des sensations morales, cette énergie supérieure dite rationnelle qui joue son rôle dans tout fait de conscience, pour ne nous occuper que de la cause immédiate des sensations physiques.

Le monde extérieur ne pouvant atteindre le moi qu'à travers les organes, il est bien clair que l'organisme est un instrument capable d'établir le rapport de la matière et de l'esprit qui constitue le phénomène *sentir*.

Il est même certain que, dans un très-grand nombre de cas, l'organisme prend spontanément l'initiative de constituer ce rapport, comme, par exemple, quand il détermine la sensation impérieuse qui entraîne la satisfaction sexuelle, contre laquelle luttent souvent avec désavantage la raison et la volonté. Mais la puissance d'initiative de l'organisme, aptitude *sui generis*, ne saurait déplacer une autre aptitude, la *sensibilité*, inhérente au moi; de telle sorte, qu'étant donné un rapport entre l'organisme et l'âme identique à telle ou telle sensation, on peut affirmer qu'il implique, d'une part, des actes d'un organisme étendu et divisible, d'autre part, un fait indivisible, un mode de l'âme.

Maintenant supposons que la force qui a produit divers rapports identiques à des sensations plus ou moins claires, plus ou

moins obscures, réalise enfin un rapport tel
qu'il soit incompatible avec la *personnalité* à
un degré quelconque, partant avec la sensation, si faible qu'on la suppose, faudra-t-il
dire que la sensation absorbe la personne?
Non, sans doute, mais que l'aptitude de l'organisme à déterminer des rapports, compatibles ou non compatibles avec la sensation,
s'est exercée dans ces deux alternatives! Donc,
encore un coup, d'un côté de simples évolutions organiques qui ne supposent qu'une
puissance capable de les réaliser, de l'autre
l'âme humaine seule apte à sentir quand
elle est attaquée d'une certaine façon par les
forces objectives. (1)

Éclairons nos déductions par deux exemples :

Il est certains phénomènes intellectuels

(1) Nous venons de mettre en jeu, par anticipation, la
force une, simple, spontanée de l'organisme (force vitale) :
mais nous ne terminerons pas ce chapitre sans démontrer la
réalité de cette puissance.

que Maine de Biran veut faire rentrer dans
la classe des sensations animales; tels sont
ceux de la formation des images, dont l'origine ou plutôt dont la première occasion est
dans l'organe de la vue. Les images peuvent
se combiner, se succéder, même les yeux
fermés, sans que la volonté y prenne aucune
part, et souvent aussi sans que le moi y
participe autrement que comme témoin.
Est-ce à dire que le moi, dans ce cas, se
pose d'un côté et l'imagination de l'autre,
que l'imagination vit de sa vie propre en
dehors du moi? Qui pourrait le prétendre
après avoir mûrement réfléchi sur la sensation? N'est-il pas tout simple que les phénomènes de l'optique ou des phénomènes
analogues, reproduits spontanément non par
le moi qui ne se les impute pas, non
par la raison, qui s'en distingue, mais
par l'organisme, réalisent un moi imaginant?

L'imagination identique à l'un des nombreux rapports de la matière et de l'esprit,
dont nous parlions tout à l'heure, n'est ici
qu'un état particulier, qu'un mode de la
personne, tandis que la matière de l'imagination, son organisme, son moyen, tout
ce qui existe dans une complète impersonnalité ne peut être qu'évolutions quelconques
de l'élément corporel, dont la personne
quelquefois dispose, mais qu'elle ne constitue
jamais. Ainsi, dans le fait d'imagination,
deux termes : d'une part, le moi imaginant
indivisible en soi; d'autre part, les évolutions
de l'organisme, capables de déterminer les
rapports de la matière et de l'esprit identiques au moi imaginant, évolutions qui
impliquent le concours d'une force souvent
disposée à obéir au moi, mais aussi souvent
disposée à l'attaquer, à le modifier, à l'af-
fecter, et dont il se distingue.

Allons plus loin :

Nous piquons un homme endormi, qu'arrive-t-il? De deux chose l'une ; ou bien il ne
fait pas le moindre mouvement, ou bien il
témoigne par un signe que l'attaque n'est
pas restée sans résultat. Admettons un réveil
exempt de souvenir et demandons nous s'il
y a eu sensation? Comment répondre, puisque nous ne pouvons lire dans la conscience
du patient pendant le moment de l'expérience? Maine de Biran admettrait-il, dans
cette circonstance, une situation sensitive
impersonnelle? C'est très-probable! Quant
à nous, nous dirons tout simplement qu'une
modification plus ou moins obscure du moi
a pu passer dans la conscience sans y laisser
de traces et réaliser ainsi une sensation d'un
ordre inférieur, ou bien, qu'en l'absence
de tout acte personnel, un simple mouvement de l'organisation, effectué selon cer-

taines lois qui lui sont particulières, a pu répondre à la provocation extérieure. Pourquoi,
en effet, les lois de la vie ne détermineraient-
elles pas des contractions, des mouvements,
etc., abstraction faite de toute vraie sensation,
par un mécanisme analogue à celui qui,
sous l'empire des lois du monde inorganique, détermine un dégagement d'électricité
ou tout autre phénomène naturel, quand
certains corps se rencontrent? Pourquoi le
terme sensation serait-il moins propre à représenter abstractivement les mouvements
de la matière inorganique que ceux de la
matière organisée? Que voyons-nous de part
et d'autre, sous le régime de différentes lois?
L'étendue, le mouvement, enfin des actes
divisibles: hâtons nous donc de faire cesser
de tristes confusions en cherchant la sensation ailleurs!

Nous pourrions produire de nouveaux

exemples ; mais ce que nous venons d'écrire répond à tout ou ne répond à rien ; laissons aux philosophes le soin de comparer et de conclure.

Récapitulons :

La sensation est un fait simple, identique au moi sentant qui seul doit être réputé sensible : donc la sensation ne peut se passer de la personnalité à un degré quelconque.

La sensation est le résultat et non pas la cause des mouvements organiques, sur lesquels elle n'agit que par réaction, en vertu des rapports du physique et du moral de l'homme.

Les termes sensibilité organique, animale, etc. sont impropres et dangereux, en tant qu'ils paraissent attribuer à l'organisation une aptitude qu'elle ne possède pas.

Enfin une vie sensitive impersonnelle est une conception vide de sens, et tout ce qui

13

se passe hors du moi sentant n'est qu'évolutions de la matière sous la loi des forces. (1)

Remarquons, avant de terminer, que notre
manière de concevoir la sensation et l'imagination renferme la théorie de toutes les facultés
de l'âme humaine qui ne sont, en définitive,
que le moi diversement modifié et plus ou
moins actif dans ses modifications. Nous

(1) Nous ferons toute réserve relativement à certains
faits qu'on observe dans le sommeil et dans le somnam-
bulisme, soit naturel soit artificiel : les faits paraissent
révéler diverses situations de la vie tout à fait étrangères,
si non à une détermination quelconque, du moins à
la forme réflexive. Ils indiquent que la personne pourrait
être en mesure de connaître intellectuellement ses actes et
la portée de ses actes, etc., sans en conserver aucun souvenir
et peut-être aussi sans en avoir actuellement conscience, par
une opération analogue, si non identique, à celle de *l'instinct*
et de la *spontanéité*. Ici tout est mystère, ou si quelques
clartés apparaissent elles ne font que constater notre profonde
ignorance. Dans tous les cas, ces états inconnus n'ont rien à
faire avec la sensation, non plus qu'avec tout ce qui concerne
la conscience. Ils sont ce qu'ils sont, et méritent d'être quali-
fiés d'un nom distinct de tout terme applicable au réfléchi.
Enfin ils n'infirment en aucune manière notre théorie, qui
peut-être même les explique.

n'exceptons pas même la raison, cette faculté supérieure qui a l'*impersonnalité* pour caractère indélébile, et qui cependant ne saurait être conçue, en tant que phénomène, dans une *impersonnalité* absolue, puisque l'impersonnalité absolue est le néant de la conscience. Il n'y a donc de véritablement impersonnel dans les phénomènes rationnels que l'énergie dont l'activité, émanant d'une source ignorée, modifie la personne de manière à laisser dans cette modification l'empreinte de l'universel et de l'absolu !

Les considérations qui précèdent concourront à la solution du problème de la force vitale, que nous allons attaquer.

Nous avons déjà remarqué que les modes variés du moi, qui ne sauraient exister sans le concours de l'organisme, apparaissent à l'occasion de causes différentes. Ainsi le moi, toujours sous des conditions organiques,

peut être la cause première de ses modifications, les produire et les contempler. Je
veux me souvenir ou imaginer, je me souviens ou j'imagine. Mais ces mêmes modes
de la personne peuvent aussi être réalisés
sans son aveu, si non sans son concours, à
tel point que l'imagination et le souvenir
souvent l'affectent et l'importunent. Dans ce
cas une force quelconque prend l'initiative de
modifier le moi, de le faire imaginant, se
souvenant, désirant, souffrant, etc. : je dis
prend l'initiative parce que, réellement, le
moi spectateur contemple la spontanéité de
la cause objective qui le modifie.

En effet, ne sentons-nous pas une force
centrale surgir tout-à-coup comme par
explosions sourdes et imprévues et se manifester dans nos passions, dans nos besoins,
dans tous nos actes instinctifs? Or cette force
qui modifie le moi dans tel ou tel sens, dans

le sens mémoire, je le suppose, n'est pas, ne peut pas être en dehors de l'homme organique ; car, dans cette hypothèse, la personne, qui si souvent l'appelle et la provoque, ne pourrait jamais en disposer. Le moment n'est pas venu d'entrer dans les détails du rôle qui lui est dévolu par la nature ; constatons seulement deux faits de la plus haute importance, savoir : que la conscience témoigne de sa *spontanéité* et de sa présence dans l'organisation.

Et maintenant, qu'est-ce que l'organisation par rapport au moi? C'est son intime alliée, c'est presque le moi lui-même, puisqu'elle nous individualise dans l'espace et dans le temps, puisqu'elle maintient notre vie spirituelle phénoménale et prend part à toutes ses circonstances ; de telle sorte que la moindre modification de l'élément organique peut retentir dans la conscience et que la réci-

proque est aussi vraie. D'où la nécessité
d'un lien harmonique entre l'esprit et le
corps comme entre toutes les parties du
corps lui-même dans le sens de l'unité
vivante.

Ce lien harmonique existe et nous ne
nous l'imputons pas, nous ne l'imputons
pas à la nature extérieure dont l'ordre est
en rapport avec l'ordre de notre vie; **nous
l'imputons à une cause qui n'est pas nous,**
mais qui nous appartient et dont notre conscience constate à chaque instant l'activité spontanée dans le monde changeant des sensations.

Quelle est cette force? Pour que l'agrégat
matériel organisé réponde à tous les actes
spontanés d'un moi libre, pour qu'il réalise
sans cesse les rapports par lesquels le moi
se phénoménise, pour qu'il maintienne
l'équilibre à chaque instant attaqué par
l'élément moral et par l'élément extérieur,

pour qu'il réalise l'idéal en faveur de l'espèce
et de l'individu, que lui faut-il? Que doit-il
être? Ou plutôt que doit être l'unité de puissance dont il est doué?

Quel nom donner, quelle idée attacher à
notre spontanéité vitale? Est-ce une abstraction ou une réalité? Une collection de phénomènes ou un être? Est-ce un principe
indépendant de l'organisme, ou l'organisme
lui-même disposé par une intelligence sans
bornes comme une machine infiniment
parfaite, capable de produire une série
d'effets enchaînés pendant un certain temps?
La question que nous avons déjà soulevée
se présente de nouveau; y a-t-il des forces
ou un être fort? Qu'est-il besoin de forces,
nous dira-t-on, l'être fort ne nous suffit-il
pas? Nous connaissons l'être fort et ses lois,
nous le voyons à l'œuvre; que pouvons-nous
prétendre au-delà sans tomber dans l'hypo-

thèse? L'être fort (matière étendue) ne peut-
il pas être constitué dans son germe de manière à parcourir toutes les évolutions que
nous appelons la vie? La série indéfinie des
causes extérieures modificatrices, la série
indéfinie de tous les actes libres modificateurs possibles, ne peuvent-elles pas être
prévues par un calcul divin, de manière à
ce que la machine organisée soit apte à répondre à chaque point d'une immense
échelle d'influences venues du dehors ou
des volitions, soit, dis-je, toujours disposée
à prêter son concours dans le sens de l'harmonie?

Essayons de résoudre cette grave question:

Selon nous, la solution n'en est pas dans
le domaine de l'observation externe. Quand
on me montre avec le microscope, l'embryon
commençant par une vésicule, s'organisant
peu à peu, créant des organes que rien ne

semble lier, puis les rapprochant successivement de manière à ce qu'on croirait les
voir marcher au-devant les uns des autres
pour former un tout complexe et harmonieux, quand de ces phénomènes inexpliqués
on induit que la machine qui n'existait pas
ne peut pas se produire elle même, et qu'on
admet pour combler toute lacune une force
vitale derrière la machine organisée; je dis
qu'on fait un raisonnement pitoyable! Les
partisans de l'être fort peuvent le renverser
en deux mots : votre microscope, diront-ils,
n'y voit pas ; nous avons mille fois plus de
raisons de supposer que le type de l'homme
complet existe à l'état rudimentaire dans
l'embryon et que tout ce qui vous semblait
disjoint est parfaitement lié, que vous n'avez
de motifs, vous, pour conclure de votre
prétendue clairvoyance à une entité imagi-
naire. Dieu a fait le germe capable de se

14

développer et de vivre, au milieu de certaines circonstances; le germe se développe
et vit. La cause de son développement est
dans l'arrangement de ses molécules, dans
leurs propriétés, etc.

Un mot sur la *spontanéité*, avant de demander à la métaphysique la solution que
l'observation externe refuse à la physiologie.

Nous avons saisi le type de la *spontanéité*
dans le principe de notre liberté dont l'induction, à défaut de la conscience, nous
livre la vraie nature, l'unité réelle. D'où
cette certitude que le commencement de
notre liberté se réalise en dehors de toute
connaissance réflexive. Or, si dans la sensation contre laquelle elle lutte parfois, notre
personnalité saisit une activité spontanée,
pourquoi ne lui attribuerait-elle pas une
existence analogue à celle de la spontanéité
d'où procède le moi? Ne nous les affirme-

t-elle pas toutes deux au même titre? Qu'importe l'absence à la suite de la spontanéité
vitale des phénomènes réflexifs qui suivent
de près la spontanéité du moi? L'origine
de l'une et de l'autre n'a-t-elle pas,
aux yeux de la raison, le même caractère
de liberté dénuée de réflexion? Il faut ou
tomber dans le scepticisme ou admettre que
notre raison connaît les choses non pour ce
qu'elles lui paraissent être, mais pour ce
qu'elles sont en réalité? De telle sorte que,
si nous croyons à notre liberté morale parce
que notre conscience nous l'affirme par
acclamation, nous devons croire à la spontanéité du moi vital qu'elle saisit à presque
tous les moments de notre existence. En effet
la personne s'empare à différents degrés par
la sensation de toutes les parties du corps
qui lui appartient et, par elle, assiste aux
explosions de la spontanéité vitale. C'est

même ainsi que le moi s'identifie en quelque sorte avec l'organisme, et nous révèle, dans la libre activité de la cause non moi qui est nôtre, le point central et culminant du mystère de la vie.

Les exemples abondent :

Sans parler des désirs imprévus et subits de nos sens, de ce frisson étrange et profond que nous combattons vainement par la raison et la volonté en approchant de l'horrible, des crises soudaines qui guérissent ou qui tuent, etc., proposons pour type de la spontanéité vitale celle qui nous est révélée quand une cause nôtre plus prompte que la volonté et la raison prend l'initiative de rétablir l'équilibre si un faux pas nous fait chanceler! Le moi qui nous affirme cette force en tant que cause *sui juris*, c'est-à-dire ayant en soi la raison de sa puissance, se l'impute-t-il? S'impute-t-il cette exactitude

dans les mouvements impersonnels protec‑
teurs de l'organisme qui dépasse de beau‑
coup en précision et en prestesse celle de
l'intelligence et de la réflexion? Non, sans
doute; mais il affirme comme sienne la
cause de cette exactitude, en vertu des rap‑
ports intimes qui unissent l'esprit et le corps
dans le fait de conscience sentir. Et main‑
tenant, qu'on donne à ce phénomène,
distinct de ceux que s'impute le moi, le nom
d'*habitude* ou le nom d'*instinct*, il n'en
reste pas moins ce qu'il est, c'est-à-dire un
acte impersonnel et *spontané*. Or si nous
possédons la spontanéité vitale, la cause réelle
d'un acte vital, dans la fonction, nous la
possédons dans toute fonction qui ne pro‑
cède pas directement des énergies supé‑
rieures, nous sommes en droit d'attribuer
tout phénomène organique, si petit soit-il,
à une activité incessante, une et libre à sa

manière, comme toute *spontanéité*, parce que
l'organisme est *un*, lié dans toutes ses parties qui concourent à produire un même
résultat. Du reste, Cabanis a amplement démontré, en s'occupant des premières déterminations de la sensibilité, que nutrition et
fonctions, formation première et actes suc-
cessifs, vivent dans un rapport tellement
étroit que leur cause essentielle est nécessairement une et même. Burdach a fourni vingt
fois la même démonstration généralement
admise par les physiologistes: nous en par-
tirons donc comme d'un fait incontestable
et incontesté.

Mais cette cause une et pour nous spontanée serait-elle l'agrégat matériel, l'être
fort, en un mot, une unité abstraite? Examinons :

Qu'est-ce que l'organisme? C'est un assemblage d'éléments étendus, variés, dis-

posés de manière à produire un résultat un,
qui suppose le *consensus* de toutes les parties.
Or, nous avons vu que nous ne pouvions
chercher l'unité d'action en dehors de la
personne corporelle : il nous faut donc, de
toute nécessité, trouver au fond même de
l'organisme un point de départ, une cause
qui contienne en permanence la raison de
sa propre spontanéité et des effets qu'elle
réalise. Cette cause que nous cherchons
est-elle au fond de chaque molécule? A coup
sûr, puisque ce qui est partout dans le tout
est dans chacune de ses parties, et que, du
reste, chaque molécule importe à l'harmonie
de l'ensemble. Mais est-elle en même temps
la molécule elle-même? Nous avons déjà
résolu cette question en nous occupant
de la volonté et de l'organe cérébral.
En effet, attribuer la *spontanéité* à la
matière n'est pas moins étrange que faire

de la matière la cause immédiate du moi ;
c'est constituer des milliers de spontanéités
pour en posséder une seule et tomber dans
la divisibilité à l'infini, c'est-à-dire dans le
néant! Cependant feignons que chaque molécule possède pleinement la puissance du
rôle dont elle prend l'initiative en faveur
de l'ensemble, d'une manière incessante,
mais plus ou moins déterminée, plus ou
moins apparente, comme l'initiative du
moi lui-même ; comment la possède-t-elle?
D'une manière absolue ou d'une manière relative, en tant que cause réelle,
ou en tant que cause médiate? Si en tant
que cause médiate, il faudra chercher
derrière la molécule le principe de sa puissance, la substance du phénomène! Si en tant
que cause réelle, chaque molécule aura en
elle même la raison de son activité, mais
non point de l'activité des autres molécules.

Or, qui fait agir ensemble toutes ces unités absolues, qui les lie en un seul et même faisceau, en une seule et même force? Serait-ce la cause des causes? Mais elle est objective par rapport à la spontanéité vitale! Admettre son intervention n'est rien moins que nier cette spontanéité que nous affirme la conscience et faire la partie belle au scepticisme. Serait-ce le système nerveux? Mais lui-même n'est-il pas étendu, c'est-à-dire composé de molécules indéfiniment divisibles qui réclament à leur tour un moyen d'union? Il faut s'arrêter ici devant le paralogisme. Oui, s'arrêter à l'unité réelle, au simple, à un véritable moi vital, dont l'organisme est la détermination phénoménale.

Le moi vital que l'observation interne, aidée de l'induction rationnelle, vient de nous livrer n'est pas inaccessible à l'observation empirique soutenue par la raison.

15

Quand on jette les yeux sur le corps vivant, on constate une véritable personnalité organique, qui, dans certaines limites, se conserve et se perpétue, sous le rapport des formes, de la couleur et de la valeur des propriétés dont il tient son caractère propre, son tempérament, son idiosyncrasie. Et cependant l'organisme en tant qu'élément matériel n'est pas deux instants semblable à lui-même. Il se dépouille incessamment des parties qui le constituent, sans en conserver un seul atôme au bout d'un certain temps. Le type seul persiste, comme celui du moi spirituel au milieu des changements de la conscience. Donc encore ici un élément stable agit perpétuellement sous l'élément variable. L'organisme serait-il l'élément stable se formant, se reformant, se constituant, se déconstituant, se dépouillant lui-même de sa propre substance? — Raisonnons

pour la molécule ; ce sera raisonner pour le
tout. — La molécule est; elle est ce qu'elle est
et non pas autre : or, pour qu'elle fasse que
l'autre devienne elle-même, il faut qu'en
même temps elle soit et ne soit pas, ce qui
est absurde. Supposez une partie de la molécule en contact avec une molécule étrangère;
comment va-t-elle la transformer en soi?
Vienne l'instant de la transformation, il faudra donc qu'une partie de la matière organisée, si petite qu'elle soit, existe dans le
même moment où elle cesse d'exister; existe, pour avoir puissance transformatrice,
cesse d'exister pour être autre qu'elle-même,
c'est-à-dire pour avoir subi sa transformation. Contradiction accablante!

Alléguera-t-on que la transformation est
successive, et qu'enfin une partie de la molécule agit au profit d'une autre partie, que
l'un constitue l'autre? Mais l'un, qui le cons-

titrera? Ne voyez-vous pas que le changeant
implique le fixe et que la divisibilité infinie,
la dissolution absolue ou le paralogisme
nous attend, si nous ne nous hâtons d'invoquer l'idée féconde de la force en soi, une,
simple, invariable.

Toute conception rationnelle de la matière
organique ou inorganique arrive du reste à
l'élément simple, à la force.

Qu'est-ce que la matière? En soi, nul ne
peut le dire, car nul ne peut atteindre l'essence des choses ; mais si l'on considère
que la cohésion des parties qui constituent
les corps implique la raison de cette cohésion, que leur faculté d'occuper l'espace
implique la raison de cette faculté, on arrive à concevoir que la matière ne peut être
qu'un phénomène dont toute la réalité est
dans la force. Prenez la molécule, si petite
soit-elle; c'est toujours un être abstrait com-

posé de parties dont la réunion suppose la force ; prenez ces parties, et les parties de ces parties, la force continue à dominer toute cohésion. Or, nous le savons, entre la divisibilité infinie et le règne absolu de la force, dont la matière ne serait qu'une détermination, il n'y a pas plus à hésiter qu'entre le néant et l'être : nous dirons donc nettement, sans chercher le secret du simple se déterminant sous les conditions de l'étendue ou le secret de l'infini se déterminant dans le fini, qu'à proprement parler il n'y a que des forces dont les corps sont les modes phénoménisés ou la forme dans l'espace et dans le temps.

La différence qui existe entre les corps organiques et inorganiques, etc. ne prouve qu'une chose : que le même mystère a des aspects différents, que l'unité absolue a la puissance de se limiter de diverses manières.

Les corps organisés ne sont donc que le déterminé de leur force vitale en contact avec
d'autres forces qui se déterminent elles-
mêmes à leur manière. Abandonnons aux
nécessités du langage les distinctions de
matière et d'esprit, puisque l'un n'est
qu'un mode de l'autre, et constatons leur
identité exprimée par le mot vie, quand il
s'agit des êtres organisés.

Mais les corps, objectera-t-on, agissent les
uns sur les autres, se modifient les uns les
autres, et ces modifications prouvent l'existence distincte de la matière et de la force,
puisqu'en agissant sur la matière on change
la manière d'être de la force ou plutôt sa
manière d'agir? Qu'est-ce à dire? Si non
que des déterminations diverses de la force
ou des forces, en dernière analyse, se rencontrent, se limitent et que de nouvelles
résultantes ou déterminations apparaissent

sans changer la nature phénoménale de ce
qui est déterminé, sans déplacer le réel de
la vie, identique à la substance active qui
seule est commencement et fin de toute
chose. Les distinctions de vie en soi et de
vie phénoménale ne sont que des classifications destinées à soutenir la faiblesse de
notre esprit et à combler cette lacune étrange,
cette apparence redoutable de contradiction
qui semble séparer à jamais l'infini du fini,
le simple du composé. Néanmoins ces distinctions, ces classifications sont utiles et
nous les laisserons subsister dans le langage,
pour représenter non des essences différentes mais des modes divers, et surtout
pour faciliter l'exposition.

Ainsi nous possédons notre troisième et
dernière énergie, par le concours de laquelle
l'homme physique et l'homme moral, en
tant que déterminations d'une même subs-

tance, se développent sur deux lignes paral-
lèles dans d'intimes et admirables rapports.
En effet, nous l'avons déjà dit, puisque tout ce
qui est en soi est absolu et que l'absolu est
un, il est évident que substantiellement les
énergies radicales se confondent et réalisent,
par un mélange mystérieux du libre et du
nécessaire, la vie de l'espèce et de l'individu,
en harmonisant les droits des conceptions
infinies avec ceux des libertés personnelles.

L'homme existe donc, un et triple à la fois,
puisque la substance, son principe et sa fin,
se détermine en lui sous trois aspects primordiaux qui contiennent tous les autres,
puisque les trois énergies mères agissent
conjointement et séparément pour un seul
et même but, dans des proportions diverses,
se limitant alternativement avec plus ou
moins de force, et réalisant ainsi un enchaînement de limitations ou phénomènes

favorables à l'individu et à l'espèce, c'est-à-
dire, en dernière analyse, à la liberté et à
Dieu.

C'est à la physiologie, qui ne saurait
saisir les essences, d'analyser avec patience
les rapports indéfiniment variés de ces énergies primitives, soit les unes avec les autres,
soit avec les forces du monde extérieur, de
surprendre objectivement le lien des phénomènes et de remonter leurs innombrables
anneaux jusqu'aux dernières limites de la
causalité matérielle. Mais là, que l'observation interne vivifie le travail de l'empirisme,
l'empêche de théoriser irrévocablement ses
découvertes et d'opprimer l'avenir sous la
tyrannie des systèmes. Qu'elle intervienne, et
les généralisations toujours prudentes et
provisoires seront comme des tentes d'un
jour dressées pour la halte et le repos dans
un voyage sans fin, parce que la sponta-

néité des énergies, qu'elle nous livre, contient en puissance l'infini, qui se raille des théories absolues.

Telles sont les bases de la physiologie humaine. Ne perdons pas de vue ces trois grandes effusions de l'être en soi que la nature a dressées devant l'œil du physiologiste comme autant de phares allumés pour préserver la science d'un dogmatisme qui dessèche et d'un scepticisme qui tue. Leur clarté la domine et l'éclaire jusqu'en ses dernières profondeurs et fait planer sur elle un esprit de doute mêlé d'espoir qui fortifie l'ardeur des recherches et les maintient dans une sphère aussi élevée que progressive.

CHAPITRE QUATRIÈME.

—

LA VIE HUMAINE.

CHAPITRE QUATRIÈME.

LA VIE HUMAINE.

Le terme Vie répond à deux modes, à deux situations d'une même unité, à l'être en soi et à sa limite, à l'*indéterminé* et au *déterminé* ; mais qui ne voit qu'après tout, comme nous l'avons dit ailleurs, le réel de la vie est l'*indéterminé*, c'est-à-dire la *subs-*

tance une, absolue, et incessamment déter-
minante ? Qui ne voit que la limite ou vie
phénoménale, loin d'être une existence à
part, n'est qu'une manifestation mobile de
la vraie existence ? Ainsi, nous ne saurions
trop le répéter, le dualisme implique, et
cette expression, *matière*, ne représente que
la force même se phénoménisant ; donc
la force est tout. Nous pouvons affirmer
cette vérité sans craindre le panthéisme,
puisque nos principes sont irrévocablement assis sur la spontanéité des énergies
radicales.

Occupons nous maintenant de la vie humaine.

Le procédé que nous avons employé pour
faire jaillir nos trois grandes sources origi-
nelles n'est point un procédé hypothétique
et arbitraire, on peut même dire que c'est
le seul qui puisse mettre définitivement la

science de l'homme au-dessus des atteintes
de l'arbitraire et de l'hypothèse. Et nous
entendons par hypothèse non pas cet élan
naturel de l'esprit en avant de ce qu'il vient
de connaître, élan qui est sa sève, sa vie,
et sans lequel il mourrait dans l'immobilité,
mais bien ces constructions imaginaires,
sans bases, sans point d'appui, véritables
mirages aériens qu'un souffle fait évanouir.
Dieu nous garde de médire de l'hypothèse légitime, c'est-à-dire de l'induction; que serions-nous sans l'induction, et
l'induction est-elle autre chose qu'une hypothèse? Étrange erreur! En méconnaissant le
caractère hypothétique de l'induction, on
élève souvent sa valeur au niveau des résultats du syllogisme, et de plus, faute de distinctions utiles, on fait peser sur toute
hypothèse une proscription absolue. — Nous
examinerons de près cette question délicate,

en nous occupant de méthode dans un chapitre spécial.

En attendant, nous prétendons nous être enfermé dans les limites d'un procédé régulier en établissant nos bases. Que pourraient nous reprocher les expérimentateurs? L'observation n'a-t-elle pas fait tous les frais de notre œuvre? Oui, l'observation, mais appliquée à tous les faits soit internes, soit externes, et toujours soutenue par la puissance irrésistible de la raison. Nous avons ce grand avantage sur les empiriques, que nous n'attaquons point, parmi les innombrables faits de la vie humaine, un fait au hasard; nous saisissons, nous, dans l'ordre logique, le premier élément de l'existence corporelle et spirituelle, heureux d'avoir trouvé, dans une sphère qui n'est point accessible à l'expérience, un principe capable, comme cette tour dont parle Bacon,

de dominer sans cesse l'expérience, principe
initial de la physiologie et de la logique,
immense, un et triple à la fois, qui gouverne la science de l'esprit et la science du
corps, et porte le double poids de Platon et
d'Hippocrate.

C'est à la psychologie que nous devons nos
trois éléments primordiaux ; or, il est évident pour quiconque a suivi l'enchaînement
de nos idées que l'analyse psychologique
devait nécessairement rapporter tous les phénomènes de la vie à trois sources radicales.
Pourrait-on nous en contester une seule?
Pourrait-on nous en indiquer une nouvelle?
Non ; tout phénomène physiologique, après
une part faite aux forces générales de la
nature, est invariablement réductible en
activité rationnelle, volontaire, vitale. La
psychologie qui seule le démontre, ou plutôt
sert à le démontrer, mettra bientôt sous

17

nos yeux différents modes de cette triple effusion, les combinaisons variées de ces modes, les conséquences qui en découlent, etc. : mais avant de l'interroger de nouveau, et sous la lumière que répandent les premiers résultats obtenus, demandons à l'empirisme quelques matériaux importants.

Trois termes dans toute procréation humaine, deux êtres procréateurs et leur produit, un mâle, une femelle, un embryon. (1)

La matière qui constitue l'embryon étant donnée, soit qu'elle provienne du mâle, soit qu'elle provienne de la femelle, il est clair, si notre notion de la matière est exacte, que le corps embryonnaire est une *détermination* de différentes forces, une résultante de leur contact.

---

(1) *Germe* serait ici le mot propre, mais nous voulons éviter de multiplier les termes.

En effet, le corps embryonnaire implique avant tout, en tant que matière, et abstraction faite de son mode d'organisation, les forces générales de la nature, physiques, chimiques, etc., qui jouent leur rôle dans toute détermination, assujettie par conséquent, en une certaine mesure, à leurs lois nécessaires.

Ensuite, il dénonce clairement, ainsi que nous l'avons montré dans le précédent chapitre, par le concours de toutes ses parties vers un but un, etc., une énergie spontanée dominatrice, qui limite d'une certaine façon les forces générales de la nature.

D'où cette certitude que, dans le concours de forces dont la détermination apparaît dans le corpuscule embryonnaire, le spontané se mêle au nécessaire.

Or, toute force ayant ses racines dans la substance, il est certain que la progression embryonnaire vers une certaine forme, qui doit durer un certain temps et jouer un certain rôle relativement à l'individu et à l'espèce, n'est autre qu'une réalisation de l'idéal.

Ici qu'on nous permette une courte digression.

Si nous jetons un regard en arrière, si nous nous rappelons ce que sont nos forces spontanées, nous sommes frappé de la difficulté d'un singulier problème que nous avons déjà rencontré en nous interrogeant sur le caractère de l'idéal.

Il s'agit de savoir comment la liberté, comment la spontanéité réalisent l'idéal, c'est-à-dire le plan de la cause des causes, tout en puisant, dans leur propre fond la raison de leur activité, aussi bien dans le monde corporel que dans le monde spirituel? Il s'agit de savoir comment le calcul infini qui

impose à l'individu la tâche de maintenir et
de faire progresser l'espèce matériellement
et moralement peut s'accommoder de la
libre spontanéité des causes premières contingentes? Comment la chute possible de
chaque cause particulière, qui, en tant que
cause *sui juris* semble pouvoir s'égarer, n'implique pas la chute possible de l'espèce?
Comment enfin la nécessité n'absorbe pas
la spontanéité. Abîme sans fond pour la
pensée humaine!

Nous l'avons dit, cette lacune ne saurait
nous arrêter! Il importe peu que la force
irrésistible de la raison, en nous élevant
jusqu'à la cause absolue, après nous avoir
affirmé les libertés contingentes, nous impose une contradiction apparente! Ce qui
importe, c'est de constater qu'un élément
nécessaire, incalculable, en maintenant, en
élevant l'espèce, agit, en une certaine

mesure, sur l'individu. Ce qui importe,
c'est de fondre, autant que possible, au
creuset de l'analyse, tout ce qui dans l'individu porte l'empreinte du nécessaire; c'est
d'employer tous les efforts de la pensée
observatrice à suivre, pas à pas, dans leurs
mœurs, leurs habitudes, leurs nuances,
j'oserai même dire leurs caprices, tous les
phénomènes qui portent l'empreinte des
activités spontanées, toutes les combinaisons
de leur action avec les éléments naturels qui
constituent l'homme.

La fin de ce double procédé est d'établir
une loi approximative et provisoire (*résultante* de l'élément nécessaire et de l'élément
spontané), laquelle laisse dans l'esprit, si
non une formule, du moins un motif puissant de détermination. C'est là que s'ali-
mentent le coup d'œil du physiologiste et le
tact du médecin.

Arrêtons-nous pour constater la différence qui existe entre notre spiritualisme et celui de quelques écoles.

Au milieu des forces générales de la nature dont nous prêts à peser l'activité, à constater la haute importance dans les phénomènes de la vie, nous affirmons scientifiquement une *énergie vitale* qui n'est pas pour nous un simple terme, comme dans la langue du physicien, un signe représentant une multitude de valeurs successives dont on a l'équation, mais bien un être, une existence, aussi réelle, aussi simple, aussi spontanée que celle du moi.

En saisissant par l'observation interne la spontanéité des énergies mères, en soutenant métaphysiquement les droits de cette spontanéité, nous espérons (du moins en tant que méthode), nous placer au-dessus du panthéisme physiologique Allemand, qui com-

promet l'étude de l'homme et méconnaît
des causes réelles tout-à-fait dignes du nom
de causes; au-dessus des allégations du spiritualisme physiologique Français, qui, ne
sortant jamais du monde phénoménal,
meurt de faiblesse entre le scepticisme et
l'hypothèse; et surtout au-dessus du matérialisme moderne, qui croit trouver le secret
de la vie dans la contraction d'une fibre.
Du reste, le caractère particulier de nos
conceptions apparaîtra principalement dans
la méthode dont elles modifient singulièrement les allures.

Suivons l'activité de l'énergie vitale, en
lui accordant successivement et sommaire-
ment tout ce qui lui appartient, c'est-à-dire
tout ce que l'observation nous défend de
rapporter aux autres énergies.

L'analyse des activités rationnelle et volontaire nous a prouvé qu'elles ne se peuvent

apercevoir que dans le fait de conscience moi ; qu'en outre, lorsque les phénomènes de conscience ne se manifestent pas à un degré quelconque, ou cessent de se manifester, il n'y a plus que la substance une qui les contient. Mais quand commencent-ils et quand cessent-ils? — La mémoire, l'interrogation, l'expérience sur nous-mêmes et sur les êtres de notre espèce nous déclarent que plus nous descendons vers l'aurore de la vie, plus les manifestations volontaires et rationnelles s'effacent. Cependant, si l'on remarque qu'abstraction faite du regard interne l'homme est forcé d'attribuer, par induction, une foule d'actes extérieurs à la raison et à la volonté, quand il contemple des êtres animés, on se demande quel est le critère au moyen duquel il distinguera ces actes d'événements d'une autre nature dont la manifestation extérieure pré-

sente le même aspect ; quel est enfin le caractère objectif particulier de cet ordre
de phénomènes, encore mal classés, qui se
développent avec la vie et semblent porter
le cachet de l'intelligence et de la volonté,
tout en puisant ailleurs leur raison d'être.

Il faut l'avouer, dans l'état actuel de la
science, il nous paraît impossible d'établir
des distinctions décisives. Néanmoins, si
on tient compte de la mémoire et des résultats d'une observation attentive, si on se fie
à ce qu'elles nous apprennent des premiers
moments de la vie, on est très-disposé à
exclure les énergies rationnelle et volontaire de ces premiers développements. Il
y a plus, en voyant plus tard la raison et la
volonté, au *summum* de leur puissance,
lutter avec vigueur contre certains actes, ou
tout au moins se distinguer clairement de
l'activité qui les produit, on n'hésite plus à

déclarer qu'un ordre considérable de faits vitaux, fruits d'une force intelligente à sa manière, peut se dérouler, sans se redoubler dans la conscience, au profit de l'individu et de l'espèce.

Dès lors on cherche à quoi les rapporter. Or, en principe, la question devient fort simple si notre précédent chapitre a quelque valeur. En effet, en tant que concourant à l'accomplissement d'un but unique, et surtout en tant que *spontanés*, ils proviennent d'un moteur unique, et ce moteur, n'étant ni la raison ni la volonté, ne peut être que l'énergie vitale.

Mais, nous ne saurions trop le redire afin d'éloigner toute hypothèse illégitime, rien n'est plus difficile que de distinguer, hors de nous et empiriquement, ce qui appartient aux diverses énergies. Un jour sans doute la perspicacité analytique y parviendra. En

attendant ne pouvons-nous pas mettre à part
et abandonner théoriquement au domaine
de l'énergie vitale, tout ce que nous apercevons en nous limiter la raison et la volonté, tout ce qui certainement ne se redouble
pas dans la conscience, tout ce dont elle se
distingue enfin? Nous n'hésitons pas à le
croire. Aussi déjà sommes-nous en mesure
de faire, dans une foule de phénomènes
mixtes, la part approximative des diverses
énergies qui les réalisent, et de doter la physiologie de ce précieux résultat.

Voyez maintenant, pour résumer ce qui
précède, comme nous élargissons, en le déterminant, le règne de l'énergie vitale! Nous
lui attribuons tous les phénomènes de composition et de décomposition nécessaires à
l'entretien de la vie, tous les mouvements
qui s'exécutent au profit de l'individu et
de l'espèce, abstraction faite du concours

des énergies rationnelle et volontaire, tout
ce qu'on appelle plasticité, tout ce qu'on appelle fonctions, tout ce qu'on appelle *instinct*.
Ainsi, d'une part, la nutrition, la forme,
l'action, l'harmonie des organes, l'unité;
d'autre part, les élans spontanés vers le
sein maternel, vers les éléments conservateurs
de la vie, etc.; élans mystérieux que les
énergies supérieures ne s'imputent à aucun
degré.

Reprenons l'examen du développement
de la vie phénoménale:

Nous savons qu'il existe, dès l'aurore de
la formation embryonnaire, une sorte d'an-
tagonisme entre les forces générales de la
nature et l'énergie vitale. Néanmoins, dans
ces premiers instants, la domination de la
force formatrice apparaît dans une plénitude
telle qu'elle efface pour ainsi dire toute
opposition. Ainsi des organes ébauchés et

isolés, qui ne peuvent encore rien les uns
pour les autres, marchent au-devant les uns
des autres pour constituer l'unité vivante et
réaliser l'idéal. Mais peu à peu la puissance
organisatrice est, si non supplantée, du
moins voilée par la perfection de l'organisation. Plus cette organisation est complète
plus elle oblige la force qui la produit, à
tel point que le physiologiste abusé néglige,
oublie la force et n'aperçoit plus que l'organe. Sous prétexte d'évidence directe, il
explique les phénomènes vitaux par la présence de telle ou telle partie, la circulation
par la présence du cœur, les sécrétions par
celle des glandes, etc. — Nous verrons,
dans le cours de cet ouvrage, à quels
dangers peut entraîner ce vain prétexte d'é-
vidence empirique.

Est-ce à dire que nous méconnaissons
l'importance de l'organe? Non sans doute,

mais nous craignons de voir cette importance exagérée absorber tout. Il ne faut pas
oublier que la vie est un cercle dont toutes
les parties sont liées par l'infini qui les contient. Ce que l'action vitale a créé, comme
dit Burdach, est vivant à son tour et devient
cause de la persistance de l'action, ce qui
est produit entraîne la production d'autre
chose, et la vie est entretenue par la vie;
tout est réciproquement but et moyen.

Développons cette pensée :

Quand l'énergie vitale, dans l'acte de
conception, vient à limiter certaines autres
forces de la nature, et que, comme résultante de leur contact, apparaît l'embryon,
il arrive que cet organe rudimentaire est
un effet, en ce sens qu'il résulte de la force,
mais est en même temps une cause, en ce
sens qu'il va servir la force et gouverner à
son tour une série de phénomènes. Qu'on y

prenne garde, la force n'est plus vis-à-vis
de son instrument dans la situation où
elle était avant de l'avoir formé. (On nous
pardonnera l'apparence de *dualisme* que
revêt ici notre langage, pour favoriser l'exposition.) Son activité se trouve servie et
limitée d'une tout autre manière. Si elle
le maintient et le développe dans l'espace
et dans le temps, elle est aussi maintenue
par lui. D'où leur contact fécond, dont la
résultante est la marche de la vie phénoménale. C'est ainsi que dans la progression
embryonnaire vers l'homme complet, but
définitif de l'idéal, quant à l'individu,
chaque situation de l'instrument devient
une cause à double portée, agissant en
arrière sur la force même dont elle sort,
agissant en avant sur une série de conséquences! C'est ainsi, je le répète, que dans
le cercle vital chaque effet est une cause

établissant une situation nouvelle dans le *déterminé* et partant un rapport nouveau entre le *déterminé* et l'*indéterminé*. N'est-il pas clair que ce nouveau rapport progresse et varie, dans l'espace et dans le temps, exerçant son action derrière lui, c'est-à-dire sur la direction des énergies primitives, devant lui, c'est-à-dire sur l'enchaînement des phénomènes qu'il commande: de telle sorte que chaque point de la série indéfinie étant à la fois effet et cause multiplie tellement dans l'orbe de l'existence la variété des effets et des causes que tout calcul humain est, sinon frappé d'impuissance, du moins réduit à se contenter d'une probabilité humble et vague dont on voudrait vainement représenter la valeur par un signe quelconque.

Tel est le mouvement circulaire qui constitue la vie phénoménale et décèle par tous

19

ses points la présence de l'infini d'où sort
leur solidarité. Dans ce mouvement, il n'y a
de typique et de permanent que la force
en soi et la forme harmonieuse, sa divine
expression. Mais le permanent, pour maintenir la forme harmonieuse, c'est-à-dire
l'unité, a besoin de certaines circonstances,
qui, par leurs variations perpétuelles, manifestent le fini. D'où l'opposition, d'où le
conflit fécond signalé entre le permanent et
le variable, conflit dont la résultante apparaît dans la vie phénoménale. Cette vie,
nous l'avons vu, en tant qu'unité, suppose
dans une certaine mesure d'espace et de
temps, la domination du permanent sur le
variable, et c'est dans le mode de cette domination, c'est-à-dire dans l'enchaînement
des phènomènes, qu'apparaît la loi. Mais, si
on fait attention à la spontanéité des énergies, à la double portée de chaque effet, au

cercle fatal dans lequel oscille toute vie individuelle, qui a ses limites infranchissables, au mélange du libre et du nécessaire, etc., on s'arrête devant la mobilité infinie d'une loi qui n'a point de formule possible dans le langage ou dans l'esprit des hommes.

Mais à celui qui perd de vue le cercle, qui prend l'effet pour la cause, le variable pour le permanent, qui met l'être fort à la place de la force, l'évidence empirique au-dessus de tout, qu'arrive-t-il ? Qu'il explique la vie par l'organe, l'organe par la propriété, qu'il croit enfin avoir formulé une loi définitive consacrée par l'expérience, tandis qu'il a simplement mutilé, déplacé la certitude, pour dresser, sur la plus fausse méthode, la plus fragile construction.

Nous sommes maintenant en mesure de comparer notre notion de la vie avec celle

qu'adopte en général la physiologie spiritualiste.

M. Littré, dans son remarquable article
maladie, du dictionnaire de médecine, fait
observer que deux grandes idées se partagent presque exclusivement les opinions
des physiologistes sur la vie : « Ou bien,
» dit-il, la vie est considérée comme le
» produit de la crâse des parties élémen-
» taires, de la mixtion des substances orga-
» niques, et de la sorte apparaît comme un
» résultat; ou bien la vie est admise comme
» un principe dont tout dépend, et le corps
» subordonné obéit aux impulsions qu'il en
» reçoit. Ces deux opinions, ajoute le savant
» professeur, me paraissent dépendre d'une
» fausse vue des choses. La vie n'est pas
» un simple résultat de mixtion et de com-
» position, puisque partout les phénomènes
» vitaux se développent non pas postérieu-

» rement à l'organisation, mais simultané-
» ment avec elle : la vie n'est pas seulement
» une force, puisque partout elle a un corps,
» puisque son essence est d'en avoir un ! »

Ces doctrines rivales signalées par l'illustre traducteur d'Hippocrate se partagent
en effet le monde physiologique et philosophique depuis la naissance de son histoire,
sous les noms de *matérialisme* et de *spiritualisme*. Ainsi, celui qui considère la vie
non comme une unité *réelle,* mais comme
une unité abstraite de l'ensemble des propriétés de l'organisation, tombe dans le matérialisme physiologique suivi de ses dangereuses conséquences. Au contraire celui qui
envisage la vie comme une force s'élève
vers un spiritualisme seul capable de rendre
à l'étude de l'homme sa vraie méthode et
son libre essor.

Certes nous n'avons pas besoin de dire

avec qui nous sommes; mais, comme le spiritualisme se divise, il est indispensable
d'établir clairement notre situation. Si nous
combattons, avec M. Littré, contre tous ceux
qui distinguent catégoriquement le corps de
la force (dualistes) ; si nous envisageons la
vie non comme quelque chose de semblable
à l'attraction de Newton, mais comme quelque
chose de réel et de primordial ; si nous
admettons que le corps vivant n'est pas seulement organisé, mais bien vivant ; il n'en
est pas moins vrai que quelques différences
sérieuses nous séparent de notre maître.

Ainsi d'abord, M. Littré ne nous semble
pas suffisamment armé contre le *dualisme*
qu'il reproche à ses adversaires. Ensuite sa
méthode, comme celle de presque tous les
physiologistes, nous paraît incapable de
fonder le règne du spiritualisme physiologique.

Expliquons-nous sur ces deux points importants :

Quant à la question de *dualisme*, nous
dirons à M. Littré : si vous le repoussez en
ces termes formels : « Je n'admets aucune
» dichotomie primitive dans l'être vivant ; le
» corps organisé et la force forment un tout,
» une unité indivisible, c'est la vie ! » vous
paraissez l'admettre en écrivant : « La vie
» consiste dans la combinaison d'un corps
» organisé et d'une force, combinaison telle
» que le corps ressent ce qui agit sur la force,
» et la force ce qui agit sur le corps, de
» manière qu'ils forment une parfaite unité ! »
Vainement cette proposition ambiguë semble-
t-elle s'expliquer sur l'unité parfaite de la
vie ; dominée par une idée manichéenne,
elle affirme deux *substances* et renferme une
contradiction. Qu'est-ce en effet que l'union
indivisible de deux essences ? Pour éviter

jusqu'à l'ombre d'une *antinomie*, qui n'existe sans doute que dans la forme, hâtez-vous donc d'ajouter : la force est tout ; ce qu'on appelle matière, quel qu'en soit l'aspect, n'est que le déterminé de la force, n'est que la force elle-même se limitant. Quand on dit que la force agit sur le corps, et que le corps agit sur la force, on représente métaphoriquement divers contacts des déterminations variées de l'unité. La vie humaine, comme toute vie, identique à la force ou mieux à divers modes de la force, est tout à la fois l'*indéterminé*, vie en soi, le *déterminé*, vie phénoménale. Le secret de son unité absolue se confond avec le mystère redoutable de la variété dans l'unité, du multiple en Dieu.

Quant à l'insuffisance de méthode que nous reprochons à M. Littré, elle constitue, il faut le dire en passant, le côté radicalement faible de la physiologie spiritualiste en

France. Qu'est-ce en effet qu'affirmer le réel, en contemplant objectivement des phénomènes? Qu'est-ce que dire, en apercevant l'unité harmonique des organes : la vie est quelque chose de primordial? Qu'est-ce que prononcer le mot force, quand l'œil n'aperçoit que l'être fort? Sur quel genre d'observations reposent ces propositions *ontologiques?* Sur l'observation externe? Mais la raison rencontre-t-elle jamais le réel dans le monde phénoménal? Non certes, et pour en sortir il faut attaquer l'étude de l'homme par une tout autre voie que celle de l'empirisme. Il faut se décider à effectuer, là où il doit être tenté, le passage du phénomène à l'être, à poser un pied hardi sur le terrain de *l'ontologie.* Ne nous effrayons pas des mots; *l'ontologie* est au fond de toutes nos affirmations. Pourquoi craindre de nous appuyer sur le seul fondement de notre force? Sans l'ontologie, la pensée du *réel* est une construction fragile que le matérialisme menace et que le scepticisme attend.

J'admire la sécurité de ces physiologistes, qui, comme dernièrement M. Cerise dans sa préface de Cabanis, nous conseillent d'éviter l'ontologie, afin de ne pas perdre notre temps en disputes stériles. Il est bon d'examiner comment ils joignent au précepte l'exemple et par quel procédé ils espèrent assurer à la physiologie une existence facile et calme, indépendante de toute discussion métaphysique.

Afin d'éviter l'ontologie, nos adversaires partent résolument d'une proposition *ontologique* capitale, comme d'un fait incontestable et incontesté. Ainsi M. Cerise nous affirme le *dualisme*, la matière d'une part, l'âme de l'autre, la matière pour l'organisation, l'âme pour la pensée. Il n'hésite pas à nous proposer, sans discussion, deux premiers principes! Voilà qui est facile, mais vous croira-t-on sur parole? N'entendez-vous pas les réclamations du matérialisme vous demandant compte de cette âme que vous mettez à part, sans dire pourquoi les idées ne sont pas tout simplement, comme il l'assure, un résultat des propriétés de l'organisation? N'entendez-vous pas les railleries du scepticisme, vous demandant compte de votre étrange certitude assise sur le monde changeant des phénomènes psychologiques? Il faut pourtant discuter avec l'un et l'autre, car nul ne vous croira sans doute sans connaître vos raisons? Or savez-vous sur cette matière des raisons qui ne relèvent pas de l'argumentation métaphysique? Savez-vous en outre une métaphysique qui puisse vaincre le scepticisme, sans mettre le pied sur le terrain de l'ontologie? A coup sûr non, et vous êtes forcé d'asseoir ontologiquement vos bases! Eh bien! sur cet inévitable terrain de l'ontologie, nous osons vous défier de maintenir le *dualisme!* Après les grandes leçons que l'Eglise a données aux manichéens par l'organe de ses Pères, après le siècle de Leibnitz et de Spinosa, après les derniers enseignements de la méthode psychologique, il n'est plus permis d'exhumer cette vieille hypothèse. Et ne dites pas surtout que le dualisme est l'expression du bon sens des sociétés; car si le monde parle de corps et d'âme, il parle aussi du Dieu créateur de toute chose! Là est l'idée d'unité! Le bon sens, comme la science, constate deux ordres de phénomènes qu'il distingue dans l'unité humaine, donnant le nom d'âme à l'un et le nom de corps à

l'autre, réservant le nom de Dieu à l'âme
véritable, à la substance absolue, au déterminant absolu. N'êtes-vous pas au-dessous
du bon sens, vous qui, sans dire un
mot de la substance, enfermez l'âme dans
les limites de notre personnalité (voir
la préface de Cabanis par M. Cerise); vous
qui l'identifiez avec un phénomène ?
Comme si le monde phénoménal se suf-
fisait ! Comme si chaque phénomène épui-
sait sa substance ! Comme si la raison
pouvait éviter de saisir le permanent
derrière le variable et l'unité derrière la pluralité ? Oui, l'unité derrière la pluralité; ces
deux termes que vous dites s'exclure ne sauraient nous arrêter. Déjà nous avons montré
que le problème de leur coexistence se pose
et se résout de lui-même, que le dualisme ne
l'explique ni ne l'évite, et que notre raison
saisissant au même titre la réalité du fini et

celle de l'infini proclame sans hésiter l'union du mode et de la substance. C'est là notre seul mystère; demandez à saint Augustin combien le manichéisme compte de contradictions!

Achevons notre tableau de la vie :

Quand, dans l'acte mystérieux de la conception, l'énergie vitale chargée de constituer la personnalité organique commence à jouir de son activité propre et de sa spontanéité, elle rencontre, dès le principe de la formation embryonnaire, un élément nécessaire que lui impose l'être générateur. Telle est la première limite de la spontanéité vitale, qui, dans la réalisation de l'idéal, subit le contact inévitable de toutes les forces autres qu'elle-même, par le concours desquelles apparaît cette détermination corpusculaire qu'on appelle embryon. C'est ainsi que nulle force particulière ne peut secouer le joug de la race, et nous verrons bientôt jusqu'à quel point la fatalité d'origine pèse sur l'espèce et l'individu.

La formation de l'embryon doué d'une force centrale particulière étant donnée comme une des premières déterminations de la substance, il est clair que le développement normal de l'individu n'est autre chose que le rapport régulier de l'énergie primitive avec les circonstances dont elle a besoin. Quand le rapport est troublé, l'être périclite; quand il est rompu, l'être meurt. Ces circonstances, imposées à la force par l'être générateur dont elle émane et qui porte lui-même le poids de toutes les causes extérieures, sont, comme nous l'avons dit, les limites de la spontanéité vitale. Elles se multiplient dans l'espèce de manière à former d'innombrables personnalités vivantes. D'où l'un des motifs pour lesquels nous regardons comme impossible et vaine

toute formule absolue des lois de la vie!
Néanmoins, si l'on considère que dans toute
organisation les organes se forment et se
distribuent dans un ordre d'importance relative indiqué par les physiologistes, si l'on
remarque que le cercle vital voit ses phénomènes s'enchaîner et s'élargir d'une façon à
peu près déterminée, ou se modifier selon certaines circonstances à peu près prévues, on
arrive à concevoir, malgré l'échelle infinie
des nuances, une physiologie inductive
prudente, fondée sur l'observation, le tact
et l'habitude.

Suivons l'élargissement du cercle vital
qui a ses trois racines dans l'unité de substance; cercle entrevu par Cabanis, mais
qui s'épuise dans son ontologie matérialiste,
faute du concours incessamment créateur
des énergies mères, que la matière et ses
propriétés ne remplacent pas.

Alimenté par l'activité spontanée de l'é-
nergie vitale et par l'activité nécessaire des
autres forces de la nature, le cercle se développe en témoignant sans cesse de l'infini
qui le supporte, par la variété dans l'unité
et le concours de toutes ses parties comme
moyen et comme but. Néanmoins, l'infini
étant le fond de toute chose et ne devant pas
moins apparaître dans l'espèce que dans
l'individu, il arrive que le cercle, en se développant par la variété, ne dépasse pas certaines bornes, et maintient fermement le
caractère de l'espèce et même celui de la
race. Il le maintient, dis-je, fermement,
mais non d'une manière absolue, car il est
donné aux énergies spontanées de trouver
dans leur propre fond la force de modifier
peu à peu les races et d'en multiplier les
nuances au profit de l'idéal! Nous com-
plèterons bientôt cette pensée.

La formation est donc l'œuvre première de l'activité vitale, la détermination première de cette force en contact avec d'autres forces naturelles. Laissons aux physiologistes le soin d'analyser l'ordre dans lequel elle se fait et les moyens physiques, chimiques, et mécaniques qu'elle emploie. La formation grandit et voit se multiplier les phénomènes, jusqu'au faîte de son développement, etc. Mais si, dans ce développement, un élément extérieur impliquant certaines forces de la nature incompatibles avec la régularité de la vie intervient, qu'arrive-t-il? Que le rapport de l'énergie primordiale avec les circonstances dont elle a besoin est changé. Ce qui signifie qu'une détermination nouvelle, identique à ce rapport, apparaît dans la vie. Qu'en outre, cette détermination étant à la fois effet et cause, dans le cercle vital, impose nécessairement à la force un

élément autre que celui dont elle aurait
besoin pour atteindre régulièrement son
but. D'où, qu'on nous pardonne l'expression,
l'anormalité accidentelle du mouvement
vital. Or cette anormalité est un enchaînement d'actes qu'on appelle maladie. La maladie est donc une scène de la vie, une scène
qui la détourne de sa fin naturelle et qui se
termine par le rétablissement de l'équilibre
ou par la mort. Mais l'équilibre, comme la
mort, peut arriver de bien des manières. Parfois de nouveaux éléments extérieurs viennent
au secours de la force, établissent des rapports
nouveaux, de nouvelles résultantes d'où
renaît l'ordre et la santé. Parfois la force,
qui tend à vivre, trouve dans sa spontanéité
des ressources pour vaincre l'obstacle et
rétablir la régularité de son règne. Parfois
elle est impuissante et vaincue. Et parfois
enfin, ne pouvant exercer sa libre sponta-

néité que dans une certaine mesure, elle
agit, en raison même de cette mesure et de
la nature de l'obstacle, contrairement au résultat qu'elle poursuit. D'où la mort, à moins
qu'un secours étranger ne vienne se mêler
à ce drame, et ouvrir, par de nouveaux rapports entre les forces, de nouvelles voies à
la spontanéité vitale! Rien de plus complexe,
de plus mobile, de plus imprévu, de plus
nuancé selon les temps, les lieux, les personnalités organiques, etc., que cette chaîne
d'effets devenant causes, que ce concert
d'actions et de réactions, dans lequel les
spontanéités accroissent incessamment la difficulté de fonder des analogies et d'asseoir
des inductions.

Vous allez voir la difficulté grandir encore
avec le mouvement progressif de la vie.

En effet, il arrive un moment où de nouvelles déterminations s'ajoutent et se mêlent

aux déterminations premières. Des énergies supérieures, que nous avons étudiées, entrent en scène, en sortant du sein de la substance, à l'occasion de certaines circonstances d'organisation sans lesquelles elles ne pourraient se phénoméniser. C'est ainsi qu'on voit la volonté et la raison faire acte de présence, grandir à leur tour et concourir, par mille limitations ou contacts, soit l'une avec l'autre, soit avec les autres forces, à réaliser la marche phénoménale de la vie, ce qu'on appelle le physique, ce qu'on appelle le moral, ce qu'on appelle l'homme enfin.

Raisonnons maintenant pour l'homme complet en produisant quelques exemples; nous éviterons ainsi des degrés nombreux de la vie sans affaiblir notre pensée. C'est notre droit; il ne faut pas oublier que nous n'avons d'autre intention que celle de jeter

des bases et de laisser aux longs et patients
travaux de l'analyse un cadre méthodique à
remplir.

La sensation, que nous avons longuement
étudiée, d'abord obscure, puis de plus en
plus distincte, est un des premiers phénomènes que les énergies supérieures, entrant
en scène, permettent à la vie de réaliser.
Mais il est à remarquer que, dans cette détermination de la vie, les énergies supérieures
sont bien moins actives que passives. Quoi
qu'il en soit, la sensation, ce fait de conscience, cette modification du moi attaqué
par une force, est un phénomène, un effet,
mais un effet qui devient cause et retentit
plus ou moins dans le cercle.

La sensation, nous l'avons vu, est une
des circonstances les plus communes et les
plus considérables de la vie; mais la sensibilité, simple attribut du moi, est loin

d'être, comme le prétendent certains physiologistes, la cause des phénomènes vitaux.
Des phénomènes nombreux se développent
en dehors de toute sensation et sans impli-
quer aucune sensibilité proprement dite.
Ainsi, dans la paralysie, un excitant local
établit un rapport tel entre diverses forces,
qu'abstraction faite du fait de conscience,
la chaleur, la rougeur, l'activité circulatoire, l'irritation, en un mot, se manifeste.
Evidemment voilà un résultat complexe,
un groupe réalisé, un effet produit, et par
conséquent une cause nouvelle dans la vie.
Ajoutez-y la sensation locale, et cet effet,
bien qu'indivisible en soi, se mêlera intimement à la scène. Vous le verrez en ac-
croître plus ou moins l'activité, puis retentir
plus ou moins dans la vie où tout s'enchaîne. Vous le verrez faire éclore de nouvelles sensations localisées, telles que celles

dites émotions viscérales par les physiologistes, desquelles sortent de nouvelles fonctions locales, chaleur, rougeur, circulation,
nutrition, etc., puis de nouvelles fonctions
générales, puis enfin de nouvelles sensations,
et cette suite non interrompue de nouveaux
effets et de nouvelles causes identiques à la
résultante incessamment changeante du
contact des forces actives.

Ceci posé, suivons la sensation dans des
actes vitaux plus remarquables qui impliquent le concours ample et actif des énergies supérieures.

Si la spontanéité vitale qui détermine
non seulement la formation, mais encore
toute fonction, tout acte qui ne relève pas
de la volonté ou de la raison, depuis le
plus humble mouvement automatique jusqu'aux mouvements les plus complexes et
les plus inexpliqués; si, dis-je, la sponta-

néité vitale établit entre elle et les énergies
supérieures un certain rapport identique à
la sensation par laquelle nous sommes d'or-
dinaire entraînés à la satisfaction sexuelle,
qu'arrive-t-il? D'abord que ce rapport, qui
est la sensation même, ouvre, par le fait de
son existence, une voie de plus en plus accessible à la cause dont il sort, en vertu
de cette loi, sinon absolue, du moins
très-constante de la vie qui donne, dans
l'ordre normal, à tout phénomène produit la
faculté croissante de se reproduire (1). Ensuite que le fait de conscience, impliquant

(1) Il est évident que cette loi nous rend compte des habitudes physiques, morales ou intellectuelles, de l'adresse
automatique, par exemple, de certaines passions qui vont se
fortifiant, de la mémoire mécanique, etc. Ainsi, que la volonté, je le suppose, contraigne la mémoire à s'exercer
long-temps sur certains mots, et bientôt, indépendamment
ne nous-même, la spontanéité vitale produira, sur le théâtre
de l'organisation, un rapport tel entre les énergies que le fait
de mémoire s'effectuera pour ainsi dire mécaniquement.
Qu'on réfléchisse sur l'application de cette idée à la théorie

22

la présence des activités supérieures, les
voit agir à divers degrés, s'attacher fortement
ou faiblement à la modification qu'elles
subissent, pour la combattre, l'activer, la
modifier, de telle sorte que la volonté plus
ou moins vigoureuse, plus ou moins éclairée
ou secourue par la raison mêle à la sensation primitive la pensée sous toutes ses
formes et multiplie, comme nous l'allons
voir, l'essaim des phénomènes.

En effet, à la sensation peuvent succéder
la connaissance de la sensation et de l'objet
de son appétence, le désir, l'espoir, la joie,
dans l'ordre moral, avec la chaleur,
l'activité fonctionelle, etc., qui, dans l'ordre

des passions, qui ont en général leurs principales racines dans
l'énergie inférieure, et l'on comprendra l'importance d'ouvrir
aux *spontanéités* des voies utiles. D'autant que, dans le cercle,
toute fonction, cérébrale ou autre, tend à fortifier, à développer les conditions organiques dont elle dépend, lesquelles
viennent à leur tour en aide à la fonction dont elles élar-
gissent l'empire.

physique, si souvent les accompagnent : à
la sensation peuvent se mêler la crainte,
le regret, le remords avec le frissonnement
qui les suit! Telle est l'origine de nouvelles
sensations, plus ou moins distinctement localisées, qui ne sont que de nouvelles
déterminations ou résultantes du contact
des forces, entraînant par leur activité continue des changements locaux et généraux,
des faits de circulation, de nutrition, etc.,
des événements fonctionnels de diverse
nature, et des phénomènes moraux aussi
variés que les sujets et les circonstances.
C'est ainsi que selon la part, que selon le
mode d'activité des énergies, des situations
de la vie physique ou morale se succèdent,
s'engendrent, se limitent, se contrebalan-
cent, ouvrant par leur marche incessamment
changeante et en tant que phénomènes à la
double portée une voie inépuisable à l'ac-

tivité des énergies mères, puis gouvernant
en avant une série non moins inépuisable,
qui prend à son tour le double rôle de
cause et d'effet, de but et de moyen, dans
cet admirable drame de la vie où tout concourt
à élever l'individu et l'espèce, le mérite et la
liberté. Ne voyez-vous pas que là est, soit dit
en passant, l'une des sources d'où procèdent
le bien et le mal physique et moral? Ne
voyez-vous pas que la nature humaine, c'est-
à-dire une nature finie qui tend vers l'infini,
implique ce conflit de forces contraires dont
la vie progressive et régulière n'est que
l'équilibre harmonieux?

Remarquons qu'aux diverses énergies qui
tendent à se développer selon les besoins
de leur nature la voie est préparée de diverses façons par le passé. Elle sera d'autant plus accessible à chacune que chacune
l'aura plus souvent, plus victorieusement

parcourue. Ainsi la volonté, par exemple, se fait à elle-même sa route, fortifie progressivement sa puissance, c'est-à-dire un rapport, une situation vitale qui est la condition indispensable de l'acte volontaire, et jette dans la vie le poids de ce qu'on appelle la force morale, c'est-à-dire un élément puissant de calme, d'ordre, de stabilité. Mais que la volonté faiblisse, et la force vitale, en d'autres termes, l'*instinct* tend à la restreindre, l'attaque, la domine, lui impose la passion. Dès lors peuvent naître la crainte, la terreur, la folie, avec l'ataxie des mouvements vitaux, etc. Qui l'emportera? Quel règne verrons-nous peu à peu s'asseoir, dominer, et constituer définitivement le caractère de chaque personne organique et morale? Nul ne peut le dire; car en présence de la fatalité d'origine des circonstances extérieures qui pèsent incessamment sur nous, etc., nul ne peut savoir ce que la libre spontanéité trouvera de ressources en elle-même. Quoi qu'il en soit, il est certain qu'en activant, par tous les moyens qui sont en notre pouvoir, telle ou telle énergie, qu'en provoquant telle ou telle série phénoménale, nous maintenons, nous élargissons, nous consolidons les rapports réalisateurs de notre manière d'être, préparant, modifiant, fortifiant l'instrument par la fonction, la fonction par l'instrument, pour en jouir, pour en doter, par une loi mystérieuse, nos fils qui nous continuent dans le temps et l'espace. C'est ainsi qu'en raison de l'intimité de toutes les parties vivantes qui s'impliquent invinciblement, nous transmettons l'hérédité de notre type physique et moral (je parle ici des masses). D'où l'on peut conclure qu'un siècle ne fait ni sa pensée, ni son caractère, ni sa constitution de toute pièce, mais qu'il succède à ses devanciers, dont il porte l'empreinte originelle, afin d'accomplir leur histoire par sa part de travail et par sa part de liberté. D'où l'on peut conclure enfin que, liés au passé non moins qu'à l'avenir, nous nous devons à nos pères et à nos héritiers comme à nous-mêmes, ce qui donne un sens à l'*innéité* et au dogme profond de la solidarité humaine.

Nous venons, en esquissant à grands traits le tableau de la vie, de tracer le cercle dans lequel la patience analytique peut incessamment s'exercer. Maintenant, avant de clore ce chapitre, indiquons en deux mots une des principales lacunes que les efforts de l'analyse doivent tendre à combler.

Nul n'a mieux saisi que Cabanis, dans son immortel ouvrage, l'influence des situa-

tions organiques sur les situations intellectuelles; mais à peine a-t-il entrevu la contre-
partie, qui aurait besoin d'un observateur
de sa trempe. Cet oubli doit-il nous surprendre? Nullement! Cabanis, comme tous
les physiologistes de son temps, comme la
plupart de ceux du nôtre, n'attribuant au
moral, dont il fait une véritable sécrétion
cérébrale, qu'une influence réactive, n'aperçoit pas l'importance des deux énergies
supérieures qui concourent incessamment
à réaliser la personnalité humaine. Il
ignore ces énergies en tant que causes
réelles; d'où son silence sur les effets de
leur active intervention. Privé du secours
de l'observation interne, incapable de saisir
la nature absolue des causes libres contingentes, il écrit au point de vue de son ontologie hypothétique et pusillanime. Sans
cesse préoccupé de l'organe comme cause

des phénomènes moraux, il n'espère guère modifier ceux-ci que par l'organe. Funeste erreur qui a privé la physiologie d'une sorte d'analyse dont la plume délicate de Cabanis était peut-être seule capable de la doter!

Résumons-nous et concluons:

La vie en soi, âme ou substance, est l'élément générateur, le primordial, le permanent de toute vie humaine. Son unité réelle, que l'observation interne a saisie, se manifeste dans le monde phénoménal par l'identité de la personne spirituelle, non moins que par l'originalité durable de la personne organique et que par la solidarité de tous les points du cercle vital. L'unité d'essence est donc le fait capital de la vie; elle nous avertit que l'être vivant ne saurait être divisé que mentalement et conditionnellement et que, dans l'étude de l'homme, il est impossible de séparer le physiologiste du métaphysicien.

23

La vie phénoménale, ce mode changeant
de la substance sans cesse soutenue par trois
activités spontanées, est une série de rapports, de déterminations des forces, dans
laquelle chaque effet concourt à la fois
comme moyen et comme but. Il importe,
au double point de vue de la théorie et de
la pratique, de chercher la loi mobile d'as-
sociation des phénomènes vitaux, pour la
formuler d'une manière prudente et provisoire, en tenant compte des individualités,
de leur histoire, de leur origine, des lieux,
des temps, des climats, des circonstances, et
surtout de la capricieuse spontanéité des
énergies! Il importe de classer les effets par
groupes simples, puis par groupes enchainés,
c'est-à-dire par séries ou par scènes, en fon-
dant au creuset de l'analyse tout élément
accessible de cet enchaînement. C'est ainsi
qu'on parviendra à connaître la valeur des

causes et des effets, le retentissement de
chaque effet dans le cercle, etc., à attaquer
avec avantage le phénomène par le phénomène, à profiter de toute force, fatale ou
spontanée, externe ou interne, pour obte-·
nir des rapports, des groupes, des séries
utiles à l'équilibre. Enfin c'est ainsi qu'au-
dessus de toute formule absolue on pourra
fonder une physiologie inductive vraiment
philosophique, toujours prête à demander
au tact et à l'habitude ce que la raison n'atteint pas.

CHAPITRE CINQUIÈME.

LA MALADIE.

CHAPITRE CINQUIÈME.

———

LA MALADIE.

Ce n'est qu'en dominant la vie du haut
d'une ontologie rationnelle qu'on peut apercevoir, dans le cercle, la place et l'importance de ses événements variables, de ses
phénomènes fugitifs. C'est de ce point de
vue qu'on la regarde naître de l'unité et

chercher l'unité à travers le variable, non
par quelques propriétés, mais par des propriétés infinies.

Voyez cet être; il naît de la substance et
la recherche par trois spontanéités qui non
seulement ne portent point atteinte au but
de l'idéal, mais l'accomplissent, du moins
dans l'espèce, en réalisant le progrès et le
mérite qui est un bien. Or, ces trois spontanéités, que nous avons étudiées, constituent
dans le monde phénoménal deux grandes
catégories de l'existence, la conscience,
d'une part, ce qu'on appelle l'esprit, qui
procède de l'indivisible et reste lui-même
indivisible; l'organisation d'autre part, ce
qu'on appelle la matière, qui procède de
l'indivisible, mais est susceptible de division. L'une, la conscience, se développe par
la spontanéité et se limite par la réflexion;
l'autre, l'organisme, se développe par la

spontanéité et se limite par la forme ; ce qui constitue le moi spirituel et le moi organique ou vital, substantiellement identiques ; d'où leur intimité.

Cependant, comme chaque catégorie, prise isolément, tend à élargir irrésistiblement ses facultés, il arriverait que, sans la limite qu'elles s'imposent réciproquement, les dites facultés réaliseraient toute autre chose qu'un homme vivant digne de ce nom. Ainsi la spontanéité vitale, mère de la formation, des fonctions et de tous les instincts conservateurs de l'individu et de l'espèce, n'a qu'un but, le triomphe des instincts. Or, l'homme n'est point conformé pour ce triomphe exclusif, qui est un mal par rapport à sa nature et la brise ou la détourne de son but. La domination de l'instinct assimile bientôt l'homme à la brute et nous donne, en sortant des lois d'une juste

24

alliance aux dépens du règne de l'esprit, le
spectacle de la stupidité, de la folie, de la
maladie, de la mort. D'un autre côté, le
triomphe exclusif de l'élément spirituel, qui
aspire à sa manière à l'unité, a ses dangers
divers relativement à l'ordre vital, surtout
quand une volonté puissante s'exerce dans
la voie de l'erreur. C'est alors que le moi
peut restreindre les droits des instincts conservateurs de l'individu et de l'espèce,
abîmer la réflexion dans la contemplation, la
vertu dans l'ascétisme, etc., jusqu'à ce que la
vie souffre à ce point du défaut d'équilibre
que l'être périclite et tombe. Le type de l'ordre
et du bien flotte entre ces deux extrêmes,
issus, du reste, comme on vient de le voir,
d'origines différentes et provoqués par des
causes nombreuses; flotte, dis-je, dans des
nuances sans fin.

Ici se présente la grande question du

mal physique et du mal moral, de la maladie et de l'erreur, etc. Eclairons-la par un exemple.

Si l'innéité, si l'éducation, si, en un mot, le concours de toutes les causes internes ou externes, fait, je le suppose, la part des instincts inférieurs considérable, que se passe-t-il? Ce que nous venons de décrire, et à divers degrés. La volonté peut résister, avec plus ou moins de mérite ou de démérite (Dieu seul est ici juge)! Mais supposons-la vaincue: les agents de la nature répondront à l'appel des instincts dans une mesure que la raison n'a pas déterminée, d'où certains rapports entre les forces, qui éloignent à la fois l'individu du type de l'ordre moral et du type de l'ordre physique; nous ne nous occuperons de l'un et de l'autre qu'au point de vue du physiologiste.

Chaque être a virtuellement en venant au
monde la puissance de parcourir un certain
cercle, une certaine période vitale qui se
rapproche plus ou moins du type idéal
de la santé. Mais il ne doit pas le parcourir d'une manière fatale ; sa liberté,
nous l'avons déjà dit, ou les influences
extérieures peuvent augmenter ou diminuer
la part d'ordre dévolue à la vie par l'*innéité*.
De telle sorte qu'il est un point, variable
comme les individus, et sur lequel la raison et le tact seuls prononcent, que nous
appelons *maladie*.

La maladie est donc une situation, un
mode de la vie, actuellement éloigné à un
certain degré du type de santé que nous
concevons. Mais qui ne voit que telle situation est maladie pour l'un et ne l'est
pas pour l'autre, parce que deux individus,
sous des apparences semblables, sont, par

rapport à l'intimité de leur nature, diffé-
remment distants du type de santé, de même
que deux coupables qui ont accompli la
même action sont, par l'intention, différem-
ment distants du type du juste? Quand
donc l'homme est-il malade? Je le répète,
la raison, le tact et l'habitude peuvent seuls
trancher cette question, et s'il est certain
que nul ne possède l'ordre parfait depuis le
berceau jusqu'à la tombe, il n'est pas moins
certain que cet éloignement du type est
loin de constituer incessamment l'état en
présence duquel nous prononçons le mot
maladie.

Maintenant, en raisonnant dans l'hypothèse de l'existence de la maladie, cher-
chons-en la notion, ou plutôt complétons
celle que nous venons d'indiquer.

Qu'est-ce que la maladie? C'est un mode
de la vie qui répond à deux termes, à deux

situations d'une même unité, à l'être en soi et à sa limite. C'est, en même temps, la force même qui se détermine et la force déterminée, c'est-à-dire un acte positif réalisant, puis un phénomène réalisé, et jouant, comme tout phénomène, son double rôle de cause et d'effet dans le cercle, etc. (Voir ce que nous avons dit ailleurs de la vie et des phénomènes vitaux). On remarque déjà combien nous sommes éloigné de ceux qui cherchent la maladie dans un certain état des solides ou des liquides, et la confondent soit avec ses effets, soit avec ses occasions. Eh bien! comme le prouvent les pages qui précèdent, nous ne différons pas moins des pathologistes qui identifient la maladie avec la réaction! L'action lente qui nous éloigne du type n'est pas moins pour nous la maladie que la réaction vive contre les causes morbifiques; seulement, je le répète,

pour le physiologiste comme pour le mora-
liste, la difficulté est de saisir le point où
commence un désordre qui mérite le nom
de maladie ou de culpabilité. Ce point se
cache dans le mystère de l'état interne si
rarement apprécié.

Quand on y regarde de près, on s'aperçoit
que la maladie contient à la fois l'affirmation
et la négation, quelque chose de positif et
de négatif, et qu'elle oscille entre ces deux
termes en s'en rapprochant alternativement
et plus ou moins. Par exemple : si le rapport des forces est identique à l'acte inflam-
matoire, le positif domine, mais en revêtant,
relativement au type de la santé, un caractère négatif. Si, au contraire, sous l'impression d'une douleur morale, d'un remords,
je le suppose, les fonctions s'arrêtent, languissent et s'épuisent, il faudra constater
que la force se retire et s'abstient. Certes le

positif est encore là puisqu'il y est question de force, mais le négatif l'emporte et l'emporte à deux titres, d'abord parce que la force s'abstient, ensuite parce qu'en s'abstenant elle éloigne la vie du type d'ordre vital appelé santé.

Ajoutons que la même maladie peut passer par ces divers degrés et participer plus ou moins des deux termes, tout en ne se dépouillant jamais entièrement de l'un ni de l'autre. Ainsi la formation du tubercule pulmonaire est une maladie réelle, aussi bien que la sourde préméditation d'une faute est une faute, une maladie réelle, dis-je, même avant qu'aucune réaction générale l'ait annoncée. Ici l'action insidieuse de la force manifeste particulièrement le caractère de la négation, bien qu'elle soit loin de se dépouiller de l'autre. Et maintenant, si le tubercule réalisé, qui est un fait, une

cause, dans le cercle, un nouveau centre
enfin, détermine localement, puis sympathi-
quement le groupe irritation, etc. voilà le
positif qui l'emporte, pour s'affaisser encore
et laisser la vie participer plus ou moins
des deux extrêmes.

Ceci posé, qu'on veuille bien croire qu'en
faisant osciller la maladie entre le positif et
le négatif nous ne prétendons point l'assu-
jettir à de simples différences en plus ou en
moins, comme certains organiciens que
nous combattons. En effet, si l'homme vit
normalement par des propriétés infinies, il
vit anormalement par un pareil nombre de
propriétés, et la maladie peut participer des
deux termes par des modes indéfiniment variés quant à leur nature intime. C'est même
ce qui fait de la connaissance des maladies
et de la thérapeutique un problême si difficile et si élevé!

25

Pour éclairer ce point capital de la physiologie de l'homme nous procéderons par
voie critique, afin de faire ressortir la vérité
par l'erreur et l'erreur par la vérité.

Il ne faut pas croire que cette proposition,
« *La vie n'est pas le résultat de l'arrangement*
« *des molécules,* » n'intéresse pas au plus
haut point l'avenir de la physiologie humaine et de ses nombreuses conséquences
pratiques. Supposez que la vie ne soit
qu'un résultat de la disposition de la matière,
ne soit qu'une abstraction, comme le Dieu
d'Hégel, vous voilà logiquement conduits
par la force de l'analyse sur l'écueil de
quelques propriétés, suprêmes raisons de
tous les phénomènes vitaux. Jetez plutôt les
yeux sur la tyrannie des systèmes, de
Thémisson à Brown, de Brown à Broussais;
le *strictum* et le *laxum*, le spasme et l'atonie,
l'excitement en plus ou en moins, la con-

traction variable d'une fibre, répondront à toutes vos questions sur les mille aspects de la vie! La végétation, la fonction, la forme, l'harmonie, la pensée, la volonté, l'unité humaine enfin, toutes choses qui procèdent d'un seul fait, la contraction; voilà ce qu'on vous réserve! Et comme la contraction se mesure en quelque sorte au centimètre, le chiffre envahira la physiologie, dont l'asservissement serait complet si l'instinct du vrai qui domine l'intelligence, quand elle est aux prises avec les choses, ne sauvait pas l'art du naufrage de la science.

Ainsi, parcequ'on aura profondément pénétré (ce qui est un grand progrès et un immense avantage) dans le mécanisme de la fonction et de la nutrition, on perdra de vue ce quelque chose qui fait que la fonction et la nutrition s'exercent dans un certain espace, au profit d'une certaine forme et d'une certaine unité. On confondra l'effet avec la cause, le moyen d'action avec la force, le variable avec le permanent. On fermera les yeux pour ne pas voir, sous le fait brutal et isolé, la vie, dont l'essence n'apparaît pas moins dans l'unité de l'individu organique que dans l'identité de la personne spirituelle.

L'hypothèse hallérienne, qui expliquait la vie par l'*irritabilité*, nous offre un remarquable exemple de cette sorte d'égarement qui consiste à faire sortir l'absolu du relatif, le tout de la partie. Développée par Bichat, elle prit une forme décidément systématique entre les mains de M. Broussais, et, il faut le dire, la doctrine de l'irritation est la conséquence logique de la pensée de Haller et de Bichat sur la *sensibilité* et la *contractilité*. Qu'elle nous serve ici de texte d'enseignement, et nous montre comment une fausse manière de philosopher peut égarer le génie lui-même.

La vie, dit la doctrine, ne s'entretient que par les stimulants, et tout ce qui augmente les phénomènes vitaux est stimulant.

La composition des organes et des fluides est une chimie particulière à l'être vivant. La puissance qui met cette chimie en action donne aux organes, en les composant, la faculté de sentir et de se mouvoir en se contractant. Sensibilité et contractilité sont donc les preuves, les témoignages de la vie.

Certains corps ou agents de la nature augmentent la sensibilité et la contractilité. C'est la stimulation ou *irritation;* ces corps sont des stimulants.

Les propriétés vitales étant augmentées dans un point le sont bientôt dans plusieurs autres : c'est la sympathie, qui a lieu par les nerfs.

Le but de la stimulation primitive et sympathique est toujours la nutrition, l'éloignement des causes destructives, la reproduction ; et les mouvements qui exécutent tout cela sont appelés fonctions. Or, pour l'exercice des fonctions, il faut que les liquides concourrent avec les solides : dans toute stimulation il y a donc appel ou attraction de liquides.

La *sensibilité* et la *contractilité* sont distribuées à différents degrés dans les tissus.

L'assimilation est un phénomène de premier ordre qui ne saurait s'expliquer par l'action de la sensibilité et de la contractilité. On ne peut l'attribuer qu'à la *puissance créatrice*, et c'est un des actes de la chimie vivante.

L'absorption dépend, en premier lieu, des affinités de la chimie vivante, en second lieu, de l'exercice de la sensibilité et de la contractilité.

La circulation est du domaine de la sensibilité et de la contractilité, mais au-delà
d'un certain point elle appartient à la
chimie vivante, qui domine la composition et
la décomposition.

La perception de la sensation n'est que le
résultat de l'exercice d'une fonction, résultat
correspondant à une exaltation de la sensibilité, mais qui n'en est nullement inséparable.

Les fonctions sont irrégulières lorsqu'une
ou plusieurs d'entre elles s'exercent avec
trop ou trop peu d'énergie; toute maladie
est donc le résultat de l'augmentation ou de
la diminution de l'*excitabilité* dans un ou
plusieurs organes.

L'excitabilité excessive détermine une
congestion morbide, c'est-à-dire, en dernière
analyse, l'*irritation*.

L'*irritation* reste toujours et partout identique à elle-même et soumise aux mêmes

lois vitales. Donc il n'y a point d'irritation spécifique, il n'y a que des causes *spécifiques*.

Tels sont les principes de la doctrine des propriétés réduits à leur plus simple expression. Les contradictions n'y manquent pas et paraissent surtout accablantes quand on médite, sur le texte, quelques lumineux aperçus relatifs à l'instinct et à l'intelligence. (1) Nous indiquerons seulement les plus saillantes, celles qui nous conduisent directement à notre but.

La proposition centrale, la pensée qui domine l'ensemble et qui nous frappe au-dessus de tout ne semble guère pouvoir sortir d'un esprit expérimentateur, ennemi déclaré de l'ontologie. On se demande comment, en contemplant objectivement des phénomènes, l'auteur a pu atteindre d'un

(1) Voir les prolégomènes de l'examen des doctrines.

premier élan la réalité de la vie, le principe
vital, la puissance qui compose les organes, la force simple enfin? On se demande
surtout comment, après avoir proclamé ce
grand principe hippocratique, il a pu l'oublier jusqu'au point de l'absorber entièrement dans quelques groupes inférieurs, de
le subordonner à quelques effets importants
mais superficiels de la vie? Ne serait-ce
point que, comme tant d'autres physiologistes, M. Broussais, n'ayant pas obtenu son
principe vital formateur du travail de la
raison opérant sur elle-même, en a méconnu
la nature réelle, absolue, et le reléguait
mentalement parmi les abstraits, tandis que
son langage paraissait le mettre au rang des
réalités, des *êtres?* Toujours est-il qu'il établit sa notion de la vie dans des termes tels
qu'on cherche en vain plus tard le lien
logique de ses déductions.

26

Lutte étrange de la vérité avec l'esprit de
système! Quoi de plus explicite que ces propositions spiritualistes : — « La puissance
» qui met en jeu la chimie vivante donne
» aux organes, en les composant, la faculté
» de sentir et de se contracter ; *sensibilité* et
» *contractilité* sont donc les preuves, les té-
» moignages de la vie! » — « L'assimila-
» tion est un phénomène de premier ordre,
» qui ne saurait s'expliquer par l'action de
» la sensibilité et de la contractilité ; on ne
» peut l'attribuer qu'à la puissance créatrice
» et c'est un des actes de la chimie vivante! »
Et pourtant vous verrez bientôt principe
vital et chimie vivante s'effacer devant *l'irritabilité* et même s'identifier avec elle!

En effet, que donne-t-on aux organes en
les composant, pour facultés supérieures et
primordiales? La faculté de *sentir* et de se
contracter, preuves et témoignages de la vie.

Quoi! La vie n'aurait que ces deux témoignages, ou du moins tout autre en dépendrait? Oui, si l'on presse les conséquences de la doctrine, et telle est l'immense lacune d'où naissent ses erreurs! Ayant déjà oublié que la vie a pour premier témoignage la formation même de ce qui sent et se contracte, qu'elle a pour preuves la raison, la volonté, le sentiment et tout ce qui en découle, la spontanéité, l'instinct et tout ce qui en dérive, c'est-à-dire des propriétés infinies, la doctrine n'aperçoit pas que la sensation et la contraction ne sont, dans le cercle où tout se tient, que des conditions secondaires de l'unité!

Pour comprendre jusqu'à quel point il est étrange qu'on ait osé expliquer la vie par l'*excitabilité*, et proposer à la physiologie cet axiôme : « La vie ne s'entretient que par les stimulants », à la pathologie cette

proposition : « La maladie est le résultat de
» l'augmentation ou de la diminution de
» l'excitabilité dans un ou plusieurs or-
» ganes » ; il faut examiner de près les propriétés mères du groupe *irritation*, puis le
groupe lui-même, en se rendant compte
expérimentalement et rationnellement de la
place qu'ils occupent parmi les phénomènes
vitaux.

Qu'est-ce que sentir? Nous le savons,
c'est un fait de conscience, un mode du
moi attaqué par une force, qui joue certainement un rôle considérable dans le cercle,
mais qui ne tombe que sous l'œil de l'âme.
Si le terme sensation est employé pour représenter autre chose qu'un événement interne et purement spirituel, il menace la
physiologie des plus dangereuses confusions.
C'est ce que nous avons déjà démontré sans
réplique en nous occupant du moi sentant.

Certes le fait hyperorganique sentir se mêle
presque incessamment aux actes de la vie et
les modifie à sa manière en localisant pour
ainsi dire le moi dans l'organe, mais seulement en vertu de cette loi qui ordonne à
tout effet de jouer le double rôle de but et
de moyen dans l'unité circulaire de l'existence. (1)

Occupons-nous de la contractilité dé-
pouillée de l'élément spirituel sentir.

La contractilité est une aptitude abstraite
d'un fait, la contraction. Qu'est-ce que la
contraction? C'est le raccourcissement d'une
fibre organisée. Qu'est-ce qu'une fibre organisée? C'est un corps étendu, divisible et
capable de se contracter. Qui donc a disposé,
qui donc maintient les parties de la fibre et
leurs propriétés? Serait-ce la contraction de

(1) Voir notre troisième chapitre.

ses parties? Mais elles sont composées d'autres parties. Serait-ce la contraction de ces dernières? Mais elles sont divisibles encore et ainsi de suite à l'infini! Il faut pourtant s'arrêter, s'arrêter au simple ou à la molécule élémentaire, constitutrice et conservatrice, à la force ou à l'être fort. Or, notre choix est déjà fait, et de plus justifié; raisonnons donc en vertu de nos principes.

La contraction est le produit d'un rapport entre diverses forces dont l'organe contractile est la résultante. La contraction occupe sa place parmi les faits enchainés qui maintiennent et développent la vie phénoménale, mais elle s'arrête où commence une série de phénomènes physiologiques qu'elle oblige et ne constitue pas.

La contraction doit être acceptée, si moléculaire qu'on la suppose, comme un des éléments de ce qu'on appelle l'action orga-

ganique, élément restreint et modeste.
Qu'est-ce en effet que l'action organique?
C'est une part considérable de la vie phénoménale, une série de groupes enchaînés,
identiques au contact incessant, varié, changeant des forces actives; c'est la chimie, la
physique, la mécanique intimes et vivantes,
vivantes, c'est-à-dire modifiées d'une manière
spéciale par les énergies mères, asservies
par elles dans l'espace et dans le temps à la
forme, à la variété, à l'importance, à l'ordre
des parties. Ce qui signifie que l'action organique est inséparable de l'influence profonde qui maintient l'unité.

Serrons de près la question.

Pour ceux qui écrivent et enseignent
qu'*irritabilité* et *contractilité* sont termes
synonymes, il est clair qu'irritation et contraction sont choses parfaitement identiques
ou qui tout au moins procèdent directement

l'une de l'autre. Que si, en outre, on ajoute que *l'irritation toujours identique à elle-même est le fait primitif et caractéristique de tous les phénomènes vitaux, soit de la santé soit de la maladie,* il est évident que la contraction de la fibre pourra servir de base à tous nos calculs sur la vie. Or, comme la contraction ne varie qu'en plus ou en moins, la théorie aboutit infailliblement au dichotomisme.

Au dichotomisme, soit; mais du moins soyons sévères pour les preuves, puisque nous avons affaire aux plus fervents adeptes de la méthode expérimentale.

Et d'abord, peuvent-ils suivre l'enchaînement de la contraction dans celui des actes vitaux? Quand le sang afflue sur une partie et la nourrit, qu'est-ce que cela? L'irritation normale ou contraction normale. A la bonne heure; mais si vous apercevez la contraction à la surface, si les forces s'en servent,

ne se servent-elles que de cet instrument?
N'ont-elles point à leur disposition des
moyens plus puissants pour activer les cou-
rants liquides, les transformations, les opérations intimes de la vie? L'électricité, par
exemple, est-elle donc d'une si minime importance qu'elle ne puisse réclamer contre
le despotisme de la contractilité? Singulière
manière d'expérimenter et d'induire! Quoi!
ce même liquide générateur devient la substance propre et la forme propre de chaque
organe en vertu de l'irritation, de la contraction, ou des contractions petites et grandes,
diverses, successives, et toutes identiques à
l'action organique! Voilà qui est curieux à
entendre de la bouche des Baconiens!

Prétendra-t-on que nos reproches portent
à faux¹, que, loin d'asservir tout à la contractilité, on a parlé de chimie vivante identique
aux phénoménes de composition et de dé-

27

composition, etc.? Il est vrai! Et la doctrine
de la contraction n'en est que plus étrange,
puisqu'apercevant des éléments majeurs de
la question, elle a hâte de les mettre à
l'écart comme peu dignes d'attirer l'attention
des physiologistes. Quel incroyable abandon
de toute vérité! Mais cette chimie vivante
que vous nous faites un dogme d'oublier,
c'est la vie phénoménale presque tout entière,
puisqu'elle domine la formation des organes,
et par eux les petites et les grandes fonctions;
puisque dans son intimité se réalisent les
événements les plus profonds et même les
plus capitaux de la santé et de la maladie! Que
serait sans elle la fibre contractile et que
nous proposez-vous d'abstraire? Le corps
même de la vie, dans nos études sur la vie,
ce qui rend votre irritation possible, ce qui
en détermine la mesure et l'aspect!

Laissez donc comme la sensation la con-

traction à sa place ; laissez à cette modeste
fonction son rôle mécanique, probablement
étranger aux évolutions les plus vivantes
de la vie.

Considérons maintenant l'action organique
comme un fait inexpliqué et inexplicable,
et cherchons s'il est permis d'absorber ses
lois dans celle de l'irritation primitive et
sympathique?

L'irritation est un abstrait, comme l'attraction de Newton, représentant un groupe
de phénomènes, rougeur, chaleur, circulation active, congestion, etc. : le tout compliqué ou non compliqué du fait de conscience sentir. Voilà l'action organique ; mais
vous l'avez dit vous-même : « *Au-delà d'un*
» *certain point de l'arbre circulatoire les liquides*
» *sont mus par la chimie vivante que dirige*
» *constamment la puissance créatrice.* » Sans
doute, et vous n'auriez jamais dû l'oublier ;

car cette chimie vivante est probablement elle aussi l'action organique qui ajoute ses groupes profonds et indéfiniment variés à votre groupe superficiel irritation. Savez-vous bien, en agissant sur l'un dans le sens de son augmentation ou de sa diminution, ce que vous faites pour l'autre? Savez-vous bien les relations de ces deux extrêmes? Telle est la question.

Non, vous ne les savez pas, vous ne pouvez pas les savoir, parce qu'aux évolutions transcendantales qui gouvernent la forme, l'harmonie, et touchent, pour ainsi dire, au but de l'idéal, se mêle un élément dont votre groupe éphémère n'est qu'un bien modeste satellite. Élément mystérieux d'où naissent les mille nuances de la vie phénoménale, et dont dépend en grande partie la *spécificité*, ce protée du cadre nosologique. Certes il vous est permis de dire qu'il n'y a point d'irritation spécifique! Qui s'aviserait

de chercher la spécificité dans le mouvement d'une fibre qui se contracte, dans
celui d'une molécule de sang qui se meut
avec plus ou moins de vitesse, ou dans le
fait de conscience sentir, localisé par l'organe? Mais prenez garde, la cause spécifique qui n'est pour ces phénomènes de
second ordre qu'une occasion, qu'un moteur, va jouer un tout autre rôle dans les
groupes intimes. Là, les forces se pénètrent
et s'incorporent; il ne s'agit plus de phénomènes seulement capables de croître et de
décroître, il s'agit de modificateurs infiniment variés comme les forces de la nature.
Je me demande si parfois, pendant que votre
premier groupe présente réellement une
augmentation dans tout ce qui le constitue,
il n'y aurait pas diminution dans l'action
organique moléculaire? Ce qu'il y a de certain c'est qu'en dépit de vos lois et de vos

calculs, nous voyons des scènes de la vie
parcourir fatalement leurs périodes! Là vit
la *spécificité;* la spécificité d'un atôme de
vaccin, par exemple, capable de détourner
pendant toute une existence l'épouvantable
spécificité de la variole, etc. Ce qu'il y a de
certain, c'est que ces groupes profonds, que
vous négligez, au lieu de se laisser asservir,
se retournent, pour ainsi dire, et asservissent
à leurs évolutions bizarres votre groupe do-
minateur qui oublie ses lois et dément tout
à coup vos théories!

Que nous sommes loin d'entendre à votre
manière l'étude de la vie humaine! Au lieu
de l'expliquer par quelques propriétés,
nous interprétons ses innombrables propriétés par elle. Au lieu de la chercher dans
un résultat partiel, nous la cherchons dans
sa nature *absolue,* et partant inexplicable,
d'où procèdent des actes, des modes, des

états, dont la théorie se confond avec le mystère de la *substance* inépuisable en manifestations. En effet, du moment que la vie est conçue comme une réalité, il n'y a plus à l'expliquer mais à la regarder vivre, à l'étudier dans ses rapports avec elle-même et avec des modificateurs sans nombre qui établissent autant de propriétés nouvelles que de rapports nouveaux entre les forces.

Essayons de donner, par quelques faits, un corps à notre pensée.

Quand, au-dessus de tout, une propriété supérieure, l'*activité* nous apparaît, nous la voyons croître ou décroître, soit spontanément, soit sous l'influence de divers agents, et réaliser fréquemment un groupe saillant mais éphémère dont nous avons déjà parlé, l'*irritation*. Si nous examinons de près ce groupe nous en constatons ordinairement les conditions, qui résident principalement dans l'état de la force vitale. — Qu'importe en effet l'excitant extérieur si la vie n'est pas capable de se mettre en rapport avec lui! — Ce n'est pas tout; nous connaissons les séries que le groupe irritation gouverne et jusqu'à un certain point son retentissement dans le cercle. A coup sûr, voilà une générali-sation utile et qui a été l'objet de magni-fiques études; rougeur, chaleur, douleur, circulation active, congestion, etc., sont des faits qu'il est permis d'abstraire dans un seul terme, et de déclarer partout identiques à eux-mêmes; c'est ainsi qu'on simplifie la science. Mais hâtons-nous de noter les limites de cette généralisation et les exceptions qu'impose à ses lois la naïve observation de la nature!

Elles sont inépuisables, à notre point de vue, comme la vie, source sans fond. Qu'est-ce, par exemple, que cette série de groupes enchaînés qu'on appelle *variole?* C'est évi-

demment, pour celui qui raisonne en vertu
d'une théorie et qui regarde la vie
comme un résultat de l'*irritabilité*, au lieu
de regarder l'*irritabilité* comme un résultat
de la vie, c'est, dis-je, un produit de l'irritation! Pour nous qui n'expliquons pas
la *substance*, c'est cette réalité même se
déterminant dans des modes variés dont
l'irritation fait partie: en un mot, c'est
une détermination du contact des énergies
primordiales avec certaines forces de la
nature, contact dont la réaction est une des
formes et dont la marche fatale de la
maladie et l'éruption sont l'expression caractéristique. Ainsi nous n'asservissons pas
l'événement à un système capable de nous
dicter des préceptes dangereux, nous constatons purement et simplement un acte vital
et une lésion de tissu, conséquence de cet
acte; éléments distincts, capables de

28

retentir dans l'unité de mille et mille manières. Qui ne voit que la physionomie particulière de cette scène a sa raison d'être dans l'intimité de deux natures, la nature de la force vivante et la nature de la cause qui la modifie, si tant est que la seule spontanéité ne puisse virtuellement contenir le germe de pareils résultats.

Laissons maintenant le domaine de l'action et de la réaction largement dessinées.

Qu'est-ce que cette sombre douleur d'une mère qui a perdu son enfant? C'est un mode de la vie, car la pensée et l'amour ne sont pas moins la vie que la nutrition et la fonction. Or, ce mode, inexplicable comme tout ce qui procède de l'absolu, est une souffrance lente et continuelle qui doit retentir. Cette femme était forte et active et voilà que ses fonctions peu à peu languissent et se dépravent; elle pâlit, s'affaisse, et des accidents variés, dont l'irritation fait par moments partie, compliquent cette sorte d'anéantissement. On l'observe, on pèse les molécules de son sang et la science prononce enfin ce mot, *chlorose!* Certes, il contient des indications précieuses : une certaine quantité de fer, nous le savons, manque au sang de cette mère ; mais est-ce donc là la maladie? Comment ce fer manque-t-il, et comment est-il indispensable à la vie? Double question que la chimie ne résout pas. Aussi quand, fiers d'avoir saisi cette condition de l'existence, nous nous empressons de rétablir artificiellement l'équilibre, qu'arrive-t-il? Que nous triomphons parfois, mais que souvent aussi, comme dans le cas cité, nous ne rétablissons qu'un équilibre d'un jour. Pourquoi? Parce que l'absence du fer est un effet, revendiqué par

la chimie, mais derrière lequel la spontanéité, la vie, animant les forces fatales,
détermine leur place et leur importance dans
un cercle mystérieux.

Vous le voyez; ici comme partout la connaissance des conditions de la vie est utile,
indispensable, mais accessoire. Même après
avoir saisi le dernier anneau de la causalité
matérielle, qu'aurions-nous? Un fait mort
et non vivant! Après les plus beaux travaux
sur les liquides, les solides, ou les impondérables, il restera toujours, comme dit
M. Littré, cet éternel problème : comment
se fait-il qu'une partie est vivante? Ce qui
s'interprète ainsi : l'étude des conditions
n'est qu'une lumière au moyen de laquelle
nous atteignons parfois notre but, mais à
travers un détour obscur qui trop souvent
nous égare. Donc l'étude des conditions,
quels qu'en soient le nom et l'objet, est domi-

née par une observation supérieure, dont nous esquisserons les règles.

On a souvent cherché dans les conditions ou dans l'action des agents extérieurs sur les conditions le phénomène initial de la maladie ; c'est une grave erreur ! Une altération anatomique accidentelle, une compression, une atteinte directe portée à la composition du sang ou à l'état des impondérables, etc., ne sont que des faits provocateurs du phénomène initial, mais ne le constituent pas. Quelle que soit leur importance, quelque avantage qu'il y ait à enlever l'épine, à neutraliser l'agent délétère, à faire cesser la compression, etc., il ne faut pas oublier que la maladie n'est pas là ! L'âme même de la maladie, sa substance est l'acte vital. Tout ce qui est vital, c'est-à-dire tout ce qui implique l'activité des énergies mères peut mériter le nom de maladie ; le

reste est condition, occasion, cause contingente ou résultat, et doit être classé parmi
les forces fatales, objectives par rapport à
l'unité indivisible du moi vital. De deux
choses l'une, ou la spontanéité trouve dans
son propre fond la raison suffisante de certaines évolutions de la vie, ou les influences
extérieures attaquent le cercle par un point
quelconque, et ouvrent, en vertu des lois
que nous avons étudiées dans le chapitre
précédent, une voie à l'*indéterminé* par les
modifications qu'elles font subir au *déterminé*
soit organique, soit moral. Dans l'un et
l'autre cas, le phénomène initial de la maladie est toujours identique à la cause réelle
des actes vitaux. Nous verrons tout à l'heure,
en nous occupant de méthode, combien il
est important de se pénétrer de cette idée.

Concluons :

On étudie la maladie comme la vie au

moyen de l'observation *interne* et *externe*.
La première, outre la nature absolue des
activités de la conscience, nous livre leurs
mœurs, leurs habitudes, leurs phénomènes
et le retentissement de ceux-ci dans l'unité.
La seconde nous rend le même service relativement à l'activité vitale, à l'*instinct*, mani-
festé surtout par la vie de l'organisation et
par les actes qui favorisent directement cette
vie. Les deux nous font connaître que les
innombrables *déterminations* des forces fatales ou spontanées, se limitant, se modifiant, s'affectant d'une manière lente ou
active, sourde ou manifeste, etc., soit dans
l'ordre physique, soit dans l'ordre moral,
constituent autant de problêmes insolubles
que de propriétés distinctes, parce que
toutes sont des modes de la vie, qui ne s'explique pas. C'est ainsi que nous concevons
une vaste science de la santé et de la maladie,

élevée par l'observation à l'abri des systèmes;
science qui divise, réunit, classe, définit et
induit, comme toutes les sciences, mais
sous l'œil d'une méthode qui complétera la
pensée de cet ouvrage.

CHAPITRE SIXIÈME.

MÉTHODE.

CHAPITRE SIXIÈME.

.

MÉTHODE.

Loin de nous la vaine prétention de fonder une méthode nouvelle, c'est-à-dire un
nouveau procédé pour diriger heureusement nos facultés intellectuelles dans la recherche de la vérité. Pour qui comprend
ce que c'est que la méthode, il est trop

évident qu'elle ne saurait être l'œuvre d'un
seul. Aussi n'avons nous qu'un espoir, celui
de la fortifier dans ses racines, afin d'abré-
ger, s'il se peut, d'un pas la route de la
science, et de poser, en même temps, les
règles générales de la logique qui convient
à l'étude de l'homme.

Nous ne rechercherons plus si la science
nous est possible ; notre premier chapitre
l'a suffisamment établi. Nous savons où le
doute méthodique s'arrête, nous savons où
luit pour nous la certitude pure, et nous
savons enfin que cette certitude n'est point
immobile, que notre liberté la féconde et la
développe en rapprochant peu à peu de l'é-
vidence tout ce qui en procède directement,
tout ce qui en participe à quelque degré.
D'où la légimité de nos moyens de connaître
que nous avons proclamée avec la perfectibilité de l'esprit humain.

Mais avant de nous occuper de méthode,
c'est-à-dire avant de discuter l'art de favoriser cette perfectibilité, jetons un der
nier regard sur la *certitude*, cet élément
invariable et fondamental de toute connaissance.

On abuse étrangement, dans le langage
surtout, du terme certitude, sans prendre
garde que le langage exerce une immense
influence sur les idées et les actes des hommes.
On oublie que nous ne vivons guère dans
ce monde que sur des probabilités plus ou
moins élevées, supportées par un fond de
certitude inébranlable, mais singulièrement
restreint.

Presque toutes nos prétendues certitudes
de la vie pratique ou spéculative sont des
composés de certains motifs, suffisants pour
entraîner nos jugements et nos déterminations, mais éloignés de la certitude de

toute la distance qui sépare le fini de l'infini. — Cette part laissée à l'erreur est
l'élément humain par excellence, elle est le
mobile de notre activité, de notre besoin de
connaître, de notre ardeur dans la voie du
progrès et de la perfectibilité; elle est la
condition de notre mérite et par conséquent
de notre liberté.

Qu'est-ce donc que la certitude? Nous
l'avons dit ailleurs, c'est ce qui reste invariable en nous, sous les variations indéfinies
de nos sensations, de nos pensées, de nos
sentiments, de nos croyances. De telle sorte
qu'en séparant avec soin, dans notre vie
spirituelle, l'élément invariable de tout élément mobile et changeant, nous ne confondons jamais la certitude avec ce qui n'est
pas elle.

Or, le seul élément invariable étant la
pensée en soi, là est la certitude pure; le

reste appartient au domaine du probable.
— Il serait trop puéril de le démontrer !

Il faut vivre cependant, et, pour vivre,
se fier au probable ; croire à sa mémoire,
croire à ses perceptions, croire à ses facultés.
Sans doute, mais il faut prendre garde ! Et
qu'est-ce en définitive que prendre garde ?
C'est établir nettement, dans toute circonstance, la distinction fondamentale signalée,
c'est ensuite peser et classer les probabilités.

Ainsi la pensée en soi, dont nous parlions
tout à l'heure, s'impose avec un caractère
absolu, et s'impose sous diverses formes,
sans abandonner ce caractère. Ces formes
sont des lois, que nous ne faisons pas, que
nous subissons, que nous rapportons à ce
quelque chose qui est en nous mais au-
dessus de nous, à la raison, c'est-à-dire à
Dieu, qui est la raison même.

Qui donc pourrait s'abstraire de ces *types*,

de l'idée d'être et d'être libre, de l'idée de cause, de temps, d'espace, de beauté, de bonté, de justice, de vérité? Ils gouvernent l'homme, qu'il le sache ou l'ignore; sans eux il serait moins qu'une ombre, par eux il participe de l'infini. Leur vertu féconde tout; le moi révèle le non moi, l'idée du vrai le vrai, l'idée du bien le bien, etc. Nous pouvons errer sans doute, mais l'erreur expire dans l'application, le type reste iné-branlable et capable de rectifier nos égare-ments!

La raison, il est vrai, ne détermine ses *formes* qu'à l'occasion du concret, du *parti-culier*; mais elle les puise dans son propre fond, sans lequel les divers concrets et leurs rapports ne seraient que les lettres mortes d'une langue inconnue.

Ainsi, abstraction faite du particulier, abstraction faite de ce qui est empirique et limité, nous possédons, nous objectivons, sans erreur possible, *l'absolu* sous diverses formes. Mais voulons-nous particulariser, étudier l'être dans sa couleur ou sa consistance, chercher le bien, le beau, dans leurs déterminations finies; l'erreur menace.

Il faut pourtant particulariser; c'est là la vie! — Ainsi, nous l'affirmons, ce corps est rond et dur. — D'où vient notre adhésion si forte à ce que nos sens nous apprennent de sa forme et de sa couleur? Elle vient du sentiment profond et purement rationnel que nous avons de notre libre volonté et de notre nette intelligence, ou, pour parler plus philosophiquement, elle vient de l'idée nécessaire d'ordre, qui, secondant et développant celle d'être et de cause, etc., proclame l'ordre ou le rapport rationnel des choses, des choses entre elles, des choses avec nos organes, de nos organes avec nous-mêmes, en un mot l'unité. Si c'est là la véracité divine de Descartes, nous l'invoquons avec lui : le mensonge permanent de nos perceptions serait la négation de la raison, donc il implique.

Cependant nos sens nous trompent! Nous le savons; donc ils ne nous trompent pas toujours, puisque nous pouvons juger leur erreur d'un point de vue de vérité. Laissez faire la raison, elle saura bien distinguer le rêve du réveil et la folie de la libre possession de nous-même!

C'est ainsi que nous en appelons à notre raison des erreurs de nos sens, multipliant les expériences afin de constater leur rectitude dans leur stabilité. C'est ainsi que la probabilité s'élève sur une échelle sans limites et nous tient lieu de certitude.

Donc, en définitive, toute particularisation n'est qu'une probabilité dépendante de la valeur de l'expérience, tandis qu'en principe, en nous, et abstraction faite de l'événement objectif, l'idée qui interprète la particularisation est une certitude pure identique à la raison. De telle sorte que le certain nourrit et supporte toute notre vie intellectuelle, mais ne la constitue pas, puisque nos moyens de particulariser, qu'on les appelle analyse, synthèse, induction, analogie ou raisonnement, ne sont, en dehors des principes purs, que des sources de probabilité, c'est-à-dire, à divers degrés, des hypothèses.

N'importe, ce mot n'a rien d'accablant pour nous, il ne cède rien au scepticisme. Classer n'est pas détruire, et la science ne peut que se réjouir de voir l'esprit humain mettre chaque chose à sa place. Qu'est-ce, en effet, qu'une probabilité qui touche de si près l'*évidence* qu'on n'a pas craint de lui donner le nom de certi-

tude? (Certitude physique, certitude morale).
N'est-ce pas à la fois la plus légitime et la
plus invincible de nos convictions? Quand
nous posons chaque jour un pas devant
l'autre pas, attribuant au monde des corps
non pas seulement l'apparence mais la réalité
dont nous le dotons, jugeant, en même
temps, que la loi de gravitation, qui maintient notre équilibre, est immuable et nécessaire, certes notre adhésion est appuyée
sur une expérience telle que nulle formule
humaine n'est capable de représenter le
degré élevé qu'elle occupe dans l'échelle in
définie du probable. C'est ainsi que, par une
observation relativement parfaite, les corps
et leurs qualités, les phénomènes et leurs
lois, semblent se dépouiller de leur valeur
relative et dominer nos convictions au même
titre que les idées nécessaires. Pourquoi?
Nul ne peut le dire! C'est le secret de notre

raison d'inonder la probabilité d'un tel jour qu'elle nous tient lieu d'évidence , et d'identifier pour ainsi dire l'ordre actuel avec l'ordre absolu.

Voilà de quoi suffire aux besoins de la vie! L'intelligence humaine est ainsi faite, qu'à la faveur du certain qui luit en nous, elle se fie à ses procédés. Elle s'y fie, dis-je, à des degrés divers, et plus ou moins librement et légitimement. Toujours est-il que déterminer la mesure dans laquelle l'esprit humain doit se fier à lui-même, en élevant l'édifice de la science, n'est rien moins que constituer une méthode. Qu'est-ce en effet que juger nos facultés, si non déterminer ce qu'elles peuvent et comment elles peuvent, si non en établir les règles? — Là est l'origine de la méthode, cette législation de la science.

Mais c'est peu que chacun se dise : Je me ferai une disposition d'esprit convenable pour trouver la vérité; la question est de savoir quelle est cette heureuse disposition et comment nous pouvons l'acquérir? Etrange difficulté! Chercher sa méthode signifie probablement chercher la vraie méthode. Or, en vertu de quoi sera-t-elle jugée vraie? En vertu d'une méthode antérieure? — Quel cercle! — Qu'on se rassure, l'homme naît avec l'idée nécessaire pour point d'appui, la libre volonté pour puissance, et les procédés de son intelligence pour instruments; la méthode ne manquera pas à la science!

Mais la méthode est une science, et, en tant que science, ne se construit pas en un jour, ni par un homme, ni par une société, ni par un peuple. Elle est le fruit du travail et du temps. Nous l'avons dit, en nous occupant de la vie, nous avons dit comment un siècle ne fait ni son caractère ni sa constitution de toute pièce, comment il reçoit et transmet la vie et l'intelligence, qui est un mode de la vie! Ajoutons que c'est par cette transmission que le paralogisme imposé à qui cherche une méthode pour sa méthode est enfin vaincu! De telle sorte que la méthode progresse avec la science et n'appartient qu'à ce type *réel* qu'on appelle l'humanité.

Voyez plutôt cet homme, ou si vous le voulez ce peuple vivre, agir, sortir de lui-même. La lumière universelle et *invariable* qui éclaire du même jour toute âme venant au monde luit pour sa conscience qui porte aussi le *variable*, la privation du vrai absolu, la faillibilité. Aussi quand, obéissant à son développement naturel, il s'empare des premiers éléments de la science, il y a de l'être, de la certitude dans sa double affirmation subjective et objective; mais s'il cherche dans le particulier la distinction, la qualité,

la détermination finie de ses idées nécessaires, qu'arrive-t-il? Qu'il fait la science à
son image!

Oui, la science est alors, comme toujours, le reflet de son entendement, de
ses passions, si elles dominent, de son
imagination, si elle occupe la première
place, de ses forces enfin et de ses faiblesses.
Au lieu de savoir il croit, et croit ce qu'il
désire, imagine ou suppose, etc. Tel est le
règne de la *spontanéité*. Nous ajouterons
surtout de la *spontanéité* vitale, car l'énergie supérieure n'agit ici qu'en second ordre
et ne déploie sa libre activité que sous un
jour faux. Mais l'homme ne vit pas seul, il
rencontre à chaque pas des dispositions
différentes, hostiles même, qui suivent aussi
leur développement naturel. La spontanéité
limite la spontanéité; il y a choc, réflexion,
erreur aperçue. La raison a produit son

premier fruit, qu'elle mûrit de plus en plus au contact des intelligences variées. Bientôt une règle est tracée, une précaution indiquée, et, sous l'influence de ce travail, une certaine culture apparaît. Cette culture est l'originalité d'une époque et d'un peuple, et de même que l'homme a limité l'homme, la société limite la société, le siècle le siècle, etc.; de telle sorte que la réflexion, s'exerçant sur une plus vaste échelle, voit le jour grandir et la raison enfin régner sur les instincts et sur la liberté.

C'est ainsi que la réflexion féconde incessamment la spontanéité et la spontanéité la réflexion, que tour à tour la science est favorisée par l'action, et l'action éclairée par la science. C'est ainsi que dans le développement de la vie humanitaire, comme dans celui de la vie individuelle, tout est réciproquement but et moyen. N'y apercevez-

31

vous pas de nouveau le cercle, dont toutes les parties solidaires manifestent la présence de l'infini qui les supporte?

Donc l'erreur sort de l'entendement et se répare par l'entendement.

Tous les créateurs de méthode ont créé en vertu de leur connaissance de l'entendement, c'est-à-dire de la *psychologie*, mais la plupart, ne la contemplant qu'objectivement dans l'histoire, ont négligé de reporter jusque sur le monde interne l'effort de la réflexion. Aussi voyez comme ils sont incomplets! Les uns ne parlent que d'expérience, et ne voient pas, tout au fond de l'esprit humain, des principes certains qu'il ne doit pas à l'expérience et sans lesquels toute expérience est vide de sens; principes qui occupent dans la vie et dans l'étude de la vie une place supérieure que nous avons marquée. — Le vrai philosophe observe tout, rapproche ces deux types, Bacon de Descartes, l'autorité des faits de l'autorité de la raison.

Faut-il s'arrêter là? La psychologie est-elle la règle suprême de la méthode? Suffit-il pour réformer l'entendement de le prendre en faute et de lui indiquer actuellement quelques précautions? L'examen sévère des faits de conscience peut-il rendre raison du principe profond de nos dispositions vicieuses d'où naissent les erreurs? Cet examen suffit-il à les redresser? L'homme peut-il vaincre, avec l'unique flambeau de la psychologie éclairant sa volonté, une obscurité qui tient à sa nature intime, à des rapports laborieusement conquis par l'*innéité* et par les forces fatales et spontanées qui le constituent ce qu'il est? Non; vainement perfectionne-t-il la psychologie, vainement la contrôle-t-il par l'histoire, de peur de fausser

sa conscience en se regardant vivre, pour
contrôler de nouveau l'histoire par la psychologie. La méthode n'est pas là tout entière!
Il faut sortir de cet empirisme utile mais
insuffisant, étudier l'homme et non quelques
phénomènes de son esprit, s'adresser à ce
qui supporte tout phénomène organique ou
psychologique, à la *substance*, qui seule nous
rend compte de l'unité, de la solidarité de
toutes les parties de l'individu et de l'espèce,
qui nous livre les trois *spontanéités* mères de
toute vie phénoménale, et, avec elles, le
moyen de perfectionner l'organe par la
pensée, la pensée par l'organe ; à l'homme
vivant enfin, qui est la méthode même. C'est
ainsi qu'une physiologie élevée, capable de
favoriser le progrès de la vie générale par un
art puissant, fera plus pour la science et
pour la méthode que les meilleures précautions indiquées par les cours de logique. Donc

le progrès de la méthode depend de celui de la physiologie.

Résumons ces dernières pages:

La méthode s'élève, malgré le paralogisme, parce que la variété produit le choc et la lumière. (Y a-t-il jamais lutte sans réflexion?) Elle s'élève, parceque l'humanité qui ne cesse d'entendre le cri du vrai au fond de sa conscience, reprend, à travers les succès et les chutes sans nombre, son travail séculaire sans se décourager jamais. Elle s'élève enfin, parce qu'il vient un moment où l'intelligence se voit clairement, se saisit et se juge, d'abord objectivement dans l'admirable jour de l'action, puis plus intimement encore dans le monde interne, tout au fond duquel, par un dernier effort, elle connaît la *substance*, l'être réel, la cause réelle, l'unité, la spontanéité, la vraie nature de l'homme, la vraie source de la méthode et de la science.

Voilà ce que notre manière de concevoir l'homme et ce que nous en avons déjà dit nous apprennent de la méthode en général. Il nous reste à esquisser, au point de vue de nos principes, la logique particulière qui convient à l'étude de la physiologie humaine considérée comme science et comme art : comme science à qui appartient tout acte de la vie, c'est-à-dire tout événement normal ou anormal de l'espèce et de l'individu, depuis la naissance jusqu'à la tombe ; comme art dont le privilége élevé est de faire servir les éléments de la science au bonheur de tous et de chacun. Mais pourquoi parler d'une logique particulière? Cette vaste étude de la vie humaine change-t-elle donc les procédés scientifiques de l'esprit? Non, mais elle invoque tour à tour tel ou tel et plus particulièrement tel que tel, en les modifiant selon les éléments variés auxquels ils s'appliquent.

D'où l'importance de se former abstractivement une idée nette et sommaire de ses
procédés, afin de les suivre dans leurs rapports avec tout ce qui se rattache à l'étude
de l'homme.

C'est ce que nous allons essayer, en tenant compte toutefois de nos observations
préliminaires sur la certitude et la méthode.

Quand la force qui est en nous nous
développe et nous livre avec le monde des
concrets nos premières notions, elle nous impose immédiatement leurs différences, c'est-
à-dire une distinction. Donc toute notion renferme un jugement, mais un jugement confus
qui contient deux éléments, l'un *invariable*,
la certitude de l'être objectif, l'autre *variable*, relatif, la vague distinction des rapports et des différences. Mais laissez agir
la raison et le besoin de particulariser, c'est-

à-dire de vivre, et vous verrez bientôt
l'homme attaquer une à une chaque qualité, afin de résoudre l'idée concrète en
ses idées élémentaires. Voilà donc chaque
particulier ramené à son expression la plus
simple, la plus claire; voilà l'analyse! Elle
divise ce qui était obscur et confus, en
pèse, en juge les éléments, et nous donne
enfin le connu sur lequel l'esprit humain
s'appuie pour découvrir de nouvelles vérités.

Cela s'appelle observer, et l'observation
emploie pour arriver à son but divers arti-
fices, parmi lesquels l'expérience en première ligne, l'expérience qui précéde le raisonnement, mais non pas la raison. Je
m'explique : ne voyez-vous pas que la science
débute par l'affirmation, c'est-à-dire affirme
a priori; que son premier terme, *moi*, implique
la distinction, le non moi. D'où il suit, qu'à
l'occasion des concrets, l'observateur dominé

par l'idée nécessaire que nous possédons et objectivons, ne fait qu'en rechercher le type dans le particulier. Certes, dans ce travail rationnel, la part de l'expérience est assez belle ; mais l'analyse, mais l'expérience donneraient-elles jamais un sens à des éléments épars et isolés? Non ; l'expérience dont on fait tant de bruit ne peut rien par elle-même ! Que verrions-nous sans le nécessaire, sans les notions primitives et inexpérimentales de substance, de cause, de temps, d'espace, etc.; sans la raison enfin? Des modes, des qualités, des accidents à côté les uns des autres, mais sans liens, morts, et même sans réalité. Heureusement nous trouvons dans notre propre réalité, et seulement là, la réalité de ce qui n'est pas nous; dans notre propre causalité, la causalité objective; dans l'ordre qui est en nous, l'ordre extérieur, et dans notre raison enfin,

la raison universelle : nous élevons le tout
jusqu'à l'*absolu*, car la raison est irrésistible, et il ne nous reste plus qu'à épier
dans les choses le secret des déterminations
finies de notre type fondamental! Dès lors,
l'expérience est interprétée, tout prend un
sens, une réalité, nous lions la cause à
l'effet, le principe à sa conséquence, le semblable au semblable; nous rapprochons,
nous distinguons, nous définissons, nous
classons, que dis-je? nous allons au-delà
de ce qui est, nous osons induire!

Telle est la vie que l'analyse ou plutôt que
le raisonnement tout entier puise au fond
de notre être. Et déjà nous apercevons que
la méthode de distinction et de division ne
marche point isolée, que l'esprit interpréta-
teur recompose à chaque moment, rapproche
dans un même tout les parties simples étudiées pour en former l'idée abstraite, l'abs-

traction, d'où procède la lumière. Voilà la synthèse! Laissons aux logiciens le soin d'écrire *ex professo* sur les détails de ces procédés, d'indiquer comment ils rentrent incessamment l'un dans l'autre, comment, pendant que l'un divise, définit, classe, induit, s'élève, l'autre réunit, applique, poursuit les conséquences, enfin descend.

Mais, au-dessus des détails techniques, il est bon de se demander lequel d'entre les moyens de l'observation précède et domine; lequel est vivant et fécond, lequel est la pensée, lequel est l'instrument?

Mettons-nous en présence de la nature. Qu'y cherchons nous? La réalisation de notre idéal, c'est-à-dire l'unité, l'ordre, la beauté, l'harmonie, qui nous appartiennent *a priori* et donnent un sens au fini. Mais le fini n'en est pas moins là entre notre idéal et nous! Le but de la science est de combler

cet abîme et de remonter lentement vers
le principe suprême et primordial, de degrés en degrés, afin de voir de plus en plus
clairement l'objet confus de notre synthèse
primitive. Ce principe, cet objet est en effet
caché derrière les phénomènes qui le re-
flètent dans le monde varié des déterminations. Comment l'atteindre? Si nous le
connaissions nous connaîtrions tout et les
faits s'en déduiraient comme des conséquences inévitables. Qu'aurions nous à faire
de l'analyse? Rien, la synthèse aurait bientôt achevé la science. Route brillante qui
tente l'ambition humaine! Aussi fut-elle
plus d'une fois parcourue, et plus d'une
fois l'homme, inventant son premier principe, tomba du haut de ses fragiles constructions. C'est là sa vie, et l'*hypothèse*, qui sans
doute a ses dangers, est pourtant l'aile de la
science! Ce qu'on appelle méthode *a priori*,

ou hypothétique, n'est qu'un degré supérieur de cette méthode vantée sous le nom
de méthode inductive qui vivifie l'observation. L'une et l'autre partent des faits, car
on ne construit pas sans base; mais pendant
que l'une élève hardiment son vol, l'autre
s'observe et se modère. Que dis-je? Il n'y a
qu'une méthode, il n'y a qu'une *induction*
dont la portée varie; hors de là je n'aper-
çois que les chimères de l'imagination qui
ne méritent pas le nom de méthode.

Expliquons nous :

Qu'est-ce que l'observation pour atteindre
les causes? Que serait-elle sans les forces
actives de la raison qui nous portent en
avant? L'observation connaît les faits ; mais
qui les interprète? Et qu'est-ce qu'interpréter
si non saisir *immédiatement*, par une
puissance qui nous est propre, et seulement
par elle, des liens, des rapports, des lois,

dans une sphère que n'atteint pas l'observation. Voilà l'induction, voilà l'*a priori* ré-
gnant sur la science ! Qu'aurez-vous à blâ-
mer si l'induction, quelqu'en soit le degré,
en appelle au tribunal de l'expérience qui
pèse à la même balance aussi bien les
conceptions modestes de l'esprit patient,
que les élans vains ou féconds du génie.
Contentez-vous donc de nous convoquer tous
devant ce juge équitable, mais ne faites pas
un crime à la force d'agrandir, parfois outre
mesure, les procédés de votre faiblesse !

Vous ne faites pas un pas sans l'*a priori*,
et quelque prudente que soit votre tactique
elle ne change jamais la nature du procédé.
Certes nous comprenons, nous aussi, l'avantage d'observer les faits, de classer, de distinguer, d'ajouter, de soustraire, de formuler
une première loi, puis une loi plus générale,
puis une loi universelle : nous savons toute

la puissance de cette investigation pleine de
dévouement : nous nous y conformons, en
toute circonstance, soutenant l'induction
par l'expérience et développant l'expérience
par l'induction, mais nous ne blâmons pas
ceux dont la vue plus longue saisit et pro-
pose au *criterium* de l'expérience de plus
hautes conceptions que les nôtres. Sans parler
de l'immortelle découverte d'Harvey, et de
tant d'autres, il est curieux de s'informer si
les grands noms de Newton et de Galilée
prêtent à l'*a posteriori* ce puissant appui qu'on
invoque sans cesse. S'y sont-ils astreints, ou
l'ont-ils franchi ? L'esprit qui, sur le fait si
minime de la chute d'un grave, se transpor-
tait, tout à coup, dans l'ordre universel
dédaignait-il donc l'hypothèse ? Je me demande si l'*a priori* ne domine pas ce trait
de génie ? Qu'on y regarde de près, et on
deviendra sobre d'accusations peu philoso-

phiques contre la méthode des conceptions rationnelles immédiates; seulement on la modérera sans cesse en lui rappelant que l'expérience n'est pas tant pour elle une lumière et un puissant mobile que le seul pouvoir capable, sinon de signer, du moins de vérifier ses titres scientifiques.

Concluons :

La raison part des faits, qu'elle juge *a priori;* elle se jette *a priori* en dehors de l'observation et à des distances plus ou moins considérables; puis demandant à l'expérience de consacrer ses découvertes, elle juge encore l'expérience comme toute chose, *a priori.* Donc l'*a posteriori* n'est qu'un nom! Donc il n'y a qu'une méthode, qui se sert ou ne se sert pas de l'instrument vérificateur; légitime dans le premier cas, blâmable dans l'autre. Donc la raison, soit qu'elle juge les faits, soit qu'elle s'élance au-delà des faits, reste maîtresse de la portée de ses jugements ou de ses inductions : ce qui signifie que le génie seul est capable de s'imposer des limites.

Eclaircissons ces quelques aperçus en regardant l'induction d'un peu plus près. La place qu'elle occupe dans le problême des méthodes nous fait un devoir d'en rechercher la notion précise.

Qu'est-ce que l'induction? C'est, comme dit Bacon, l'art d'interpréter la nature, c'est l'âme de la méthode et le levier le plus puissant de l'intelligence. Induire c'est tirer de l'observation et de la comparaison de plusieurs faits particuliers des lois constantes et générales, ce qui suppose notre croyance à la généralité, à la stabilité des phénomènes perçus.

Le secret de cette croyance et, par conséquent, de notre puissance inductive est

33

tout entier dans le mystère de l'absolu de
notre être ; l'idée nécessaire d'ordre nous
fait conclure de l'ordre connu à l'ordre inconnu. Donc le principe, le prototype de l'induction, identique à notre raison qui est
l'ordre même, vit au-dessus de toute véri-
fication expérimentale. — Là est la certitude !

Mais ce qui est une certitude, en principe et, comme nous l'avons dit, abstraction
faite de l'événement objectif, change de
nature dans toute particularisation et devient une probabilité, c'est-à-dire une hypothèse. Ainsi, quand d'un principe particulier
on s'élève à une loi générale, on construit
hypothétiquement, vu l'impossibilité dans
laquelle on se trouve de poursuivre jusqu'à
l'infini la série sans limites des cas particuliers de même nature. Ajoutons que, même
après avoir vérifié expérimentalement la

valeur de l'induction, en se rendant maître
de tous les éléments actuels qui constituent
le phénomène, comme dans la formule de
Newton, on ne sort pas du terrain hypothétique, parce que nul ne peut dire si l'ordre
actuel est l'ordre absolu ! Néanmoins à la
faveur de la forme syllogistique que l'expérience permet de donner, dans ce cas, à
l'induction retournée, la probabilité s'enve-
loppe tellement dans la certitude pure que
nous les confondons légitimement.

Ici, comme dans la perception, la validité
du procédé dépend évidemment de celle de
l'expérience. Nous croyons à l'ordre des
phénomènes ; mais quels sont-ils ? L'aimant
attire le fer ; soit ! Mais ceci est-il le fer,
ceci est-il l'aimant, et ces deux corps s'at-
tirent-ils ? Telle est la question, c'est-à-dire
la probabilité relative à l'expérience qui
peut l'élever sans limites sous l'œil de la

raison, juge supérieur. Ainsi l'expérience ne sert qu'indirectement nos convictions, en redressant des sensations erronées ou confuses, en jouant enfin son rôle, dans le domaine du fini, sans jamais donner le nécessaire. Ne blâmez donc pas l'*hypothèse*, puisqu'en dehors du *nécessaire* tout est *hypothèse*, puisque nous ne vivons guère que par elle ; blâmez seulement ceux qui ne consacrent pas toute la vigueur de leur intelligence à juger la valeur des hypothèses, à rapprocher incessamment le probable du certain.

Ceci posé, quelle conviction nous procure l'expérience dans les sciences physiques ? La conviction que nous opérons sur des *semblables*. Ainsi cette pierre tombe selon telle loi dûment calculée, donc toute pierre tombe en vertu de la même loi. Voilà l'attraction universelle ! Or, si nous appelons

semblables tous les *graves*, c'est que les différences, s'il y en a, peuvent être négli-
gées ; d'où l'universalité de la loi. De telle
sorte que nous nous en servirons pour
calculer les cas particuliers en affirmant
légitimement que, si le calcul est bien fait,
elle ne nous fera pas défaut. — Nous ne
connaissons pas autrement la courbe que
nous imposons aux projectiles, etc.

Mais, dira-t-on, pourquoi ne pas espérer
de pareils résultats relativement à la vie?
Pourquoi, de groupes en groupes, de rapports en rapports, de généralisations en
généralisations, une observation attentive,
une tactique inductive et expérimentale,
prudente et bien entendue, ne conduiraient-
elles pas à une formule universelle de notre
vie, à une loi générale capable d'expliquer
tous les cas particuliers? Que vient-on parler
de *dissemblables?* Notre ignorance de la loi

ne nous dérobe-t-elle pas, seule, la raison
des différences? Que le principe inconnu se
montre ; elles s'effaceront une à une! Et de
même que nous nous rendons compte de
toute *contingence* dans la courbe d'un
projectile, de même nous apercevrons clairement le motif de toute *contingence* dans la
courbe de la vie de chacun. La vie a comme
toute chose ses lois universelles, puisque
tout homme meurt invariablement entre
certaines limites, de même que tout corps,
selon sa nature, selon les chocs qu'il rencontre, trace telle et telle ligne, quand il est
lancé dans l'espace, et s'arrête enfin ici
ou là !

Voilà qui est admirable ; et, pour résoudre
le problême, il ne s'agira plus que d'attaquer, selon la méthode préconisée, l'unité
humaine de l'extérieur à l'intérieur en s'élevant, comme on dit, des phénomènes aux

lois, des lois aux forces. C'est ce qu'on a fait hier et c'est ce qu'on fait encore aujourd'hui, parce qu'un spiritualisme physiologique solidement assis n'a pas encore démontré que le fait central et capital de la vie est la *spontanéité*. De là l'hydraulique des uns, la mécanique des autres, l'*irritation* qui hier nous proposait sa formule, l'*électricité* qui commence à nous parler sérieusement de son règne absolu. Certes il y a de la place pour tous au soleil de la science, et la synthèse un jour n'aura qu'à se réjouir des matériaux utiles et divers accumulés par les plus chimériques conceptions. Mais, en attendant, l'art appartient trop souvent aux systèmes, et l'art, on le sait, touche de près l'humanité. Efforçons-nous donc de le mettre au-dessus des théories, qui doivent le soutenir mais non pas l'absorber.

Singulier spectacle! Même ceux qui, au

nom du bon sens, de l'instinct ou de l'expérience, protestent contre les prétentions exclu-
sives portent presque tous le fardeau de la
méthode de leurs adversaires, et se débattent
contre ses conséquences dans une sorte
d'éclectisme sans méthode. (Il s'agit de ces
spiritualistes timides et incomplets dont nous
avons déjà signalé l'impuissance.) Ne craignons donc point de le leur redire ; tant que
la manière de philosopher des physiciens
règnera sur la physiologie, on ne tranchera
pas la difficulté. Ce qui signifie qu'on aura
toujours, d'une part, des systèmes exclusifs,
de l'autre, des protestations vagues et peu
scientifiques. Pour en finir, il faut trouver
et démontrer, avec la cause mobile de la vie
humaine, cette grande vérité que, le *spontané*
se mêlant au nécessaire, tout individu porte
avec lui sa loi particulière, puis poursuivre
dans ses conséquences ce principe impor-

tant. Tel est le but de notre ouvrage, qui tend non point à changer, mais à compléter la méthode. Dès lors les immenses travaux de l'analyse et de l'expérience occuperont, sans danger, dans la science de l'homme une place digne de leur importance, et recevront en même temps une âme et un lien.

Si nous jetons un regard en arrière, nous voyons, dans nos principes, que l'observation, quand il s'agit de l'étude de l'homme, débute par la conscience et ne peut débuter que par elle; que là, sous un jour infini, la raison connaît la *substance,* le *réel* et les trois forces spontanées qui dominent toute la série phénoménale de notre vie. Gardons-nous de perdre jamais de vue ce grand fait initial, car immédiatement on mettrait une abstraction à sa place!

Donc, quand il s'agit d'étudier la vie humaine, la raison s'empare *a priori* d'un fait

34

capital, d'une cause véritablement digne du nom de cause, une en substance et triple dans ses premières déterminations. Qu'en ferons-nous à mesure que l'analyse, changeant de terrain et reprenant l'homme de l'extérieur à l'intérieur, voudra sagement de faits en faits remonter l'enchaînement de la causalité, connaître les rapports des phénomènes, l'instrument, le moyen, le lien expérimental de la variété, et nous rapprocher successivement du principe de l'unité, c'est-à-dire de notre fait primordial? Nous lui demanderons, après l'avoir étudié en lui-même, dans sa puissance, dans ses mœurs, dans ses résultats les plus directs et les plus saillants, de nous préserver de toute généralisation arbitraire, de mettre sa *réalité* à la place de toute abstraction qui prétendrait expliquer la vie, de dominer, d'exploiter, de surveiller l'irritabilité, l'irritation, la mixtion des parties, la chimie, la physique, la mécanique, etc., de nous initier enfin à la notion de la vie telle que nous l'avons développée, puis à la manière dont on doit étudier et envisager les lois de la vie, soit en général, soit relativement à l'art.

Et maintenant qu'est-ce que connaître ce grand fait en lui-même? C'est s'emparer par la volonté, la raison et la sensation, de ce qui supporte toute volonté, toute raison, toute sensation, toute détermination phénoménale, de la *substance* une et indivisible, mère de toute spontanéité. Dès lors, nous sommes maîtres d'une *cause réelle*, dont relève chaque molécule de l'être vivant comme l'être vivant tout entier, et qui, sous la plus minime parcelle comme sous l'ensemble, *réserve une partie de ses lois dans le mystère de sa libre activité*. Principe éminent, universel, absolu, le seul absolu, le seul universel dans l'étude de l'homme, qui nous défend de proposer à la science de la vie humaine d'autres lois que des lois mobiles et provisoires, d'autres préceptes que des préceptes relatifs! C'est précisément là qu'apparaît l'importance du spiritualisme physiologique; il nous met scientifiquement à l'abri des systèmes en nous démontrant l'impossibilité de saisir tous les éléments d'un problême vital. Qui donc, en effet, a jamais formulé l'équation de la triple *force* spontanée qui puise, en une certaine mesure, dans son propre fond, le secret de ses déterminations et de ses mille nuances?

Envisageons-la d'une manière générale, et par rapport à la science.

Bien que la science ait compris, en étudiant la vie chez les divers individus, les différences profondes qui les distinguent, elle n'a cessé de prétendre à la découverte d'une loi universelle capable de combler l'abîme des différences. Pourquoi? Parce que la véritable loi universelle, que nous proclamons et défendons, n'était pas là pour la désabuser! Et la science était d'autant plus excusable qu'à mesure qu'on s'élève au-dessus du détail des études partielles on ne voit guère plus qu'un fond commun, dans lequel les exceptions semblent s'effacer avec les traits particuliers. Dès lors on croirait que le spontané perd ses droits et que le nécessaire l'absorbe. C'est ainsi qu'on arrive à tracer les formules générales de la science et les préceptes abstraits de l'art; c'est ainsi qu'on nous livre des moyennes de naissance, de vie, de mort, et jusqu'à la part faite par la nature aux diverses maladies qui se disputent la souffrance humaine; qu'on nous indique les conditions de la santé publique, les grandes règles de l'hygiène, les moyens qui s'appliquent avec avantage aux diverses épidémies, etc. Voilà qui est légitime jusqu'à un certain point; les formules scientifiques, les préceptes généraux s'imposent presque comme des lois; une science de la vie s'organise dans laquelle l'induction tend vers la forme syllogistique. Mais en vain! Bien que le spontané se dérobe, il n'en est pas moins là, et des changements imprévus et des lacunes étranges dans la marche de l'ordre témoignent de sa présence. La vie générale prouve aux calculateurs qu'on n'opère pas sur elle comme sur une abstraction! Soudain les moyennes se déplacent et démentent les chiffres de la veille, les préceptes de l'hygiène sont en défaut, les épidémies changent de nature et les indécisions de l'art s'ajoutent aux lacunes de la science. Que doit faire le physiologiste en présence de cette mer mobile? La contem-

pler, suivre ses mouvements, chercher le
vent qui menace; puis, mûri, soutenu, éclairé
par l'expérience, par le nombre, par la
logique du passé, par la science enfin,
puiser ses oracles et ses déterminations dans
la physionomie actuelle et dans la nature
intime des choses.

C'est ainsi que le grand principe de la
physiologie spiritualiste, même quand il a
trait aux généralités, impose à la science des
résultats provisoires et à l'induction une
allure particulière. Mais c'est surtout quand
il particularise, quand il s'approche des
individualités, quand il conclut, quand il
applique, quand il change le savant en
artiste, et le physiologiste en médecin,
qu'on le voit manifester sa puissance et
gouverner la méthode.

Par exemple, si après avoir observé un
très-grand nombre de fois certain phéno-

mène de la vie, comparé les circonstances
dans lesquelles il s'est produit, considéré
séparément celles qui l'ont toujours accom-
pagné, distingué, rapproché, soustrait,
divisé, classé, etc., on vient nous proposer
une conclusion pour l'avenir, et pour tel cas
déterminé une formule, nous répondrons,
après mille et mille faits : Prenez garde, le
spontané se mêle au nécessaire, il est seul
maître de sa nature intime et réserve une
partie de ses lois dans le mystère de la substance ; nous acceptons votre découverte non
comme une loi, mais comme une lumière,
mais comme une précieuse indication ; nous
l'acceptons, mais l'œil fixé sur les causes mobiles, dont nous étudions, dont nous surveillons en nous, comme partout, les mœurs et les
caprices, mais convaincus que sur le terrain
de la vie une nuance est un signe plein de
motifs et gros de déterminations imprévues.

Certes la croyance à la *stabilité* des phénomènes est irrésistible, mais la grande difficulté, ne craignons point de le redire, est de
savoir quels sont les phénomènes perçus?
Si nous apercevons aujourd'hui tel acte
vital, suivi de telle série de conséquences,
et demain, dans les mêmes conditions et les
mêmes circonstances, le même acte vital,
faudra-t-il espérer ou craindre une série
semblable à celle de la veille? Oui; l'espérer
ou la craindre, mais jamais la conclure.
Pourquoi? Parce que l'induction manque
ici de point d'appui, n'opérant pas sur des
semblables.

Qu'apercevons-nous, en effet, en compa-
rant l'être vivant à l'être vivant? Une apparence grossière qui parfois affecte nos
sens de la même manière. Mais, sous ce
voile épais des remblances externes, sous le
fantôme des analogies, n'y a-t-il point des

35

différences profondes et radicales que nous
ne soupçonnons pas? Des causes variées ne
produisent-elles pas les mêmes symptômes,
et comparons-nous jamais sans réserves
l'état intérieur soit à tout autre, soit à
lui-même? Supposons la comparaison possible, tous les rapports connus, toutes les
différences constatées; supposons que, par
un travail séculaire, l'œil de l'observation
nous a livré l'enchaînement complet des
causes secondes et la possiblité de saisir enfin le secret de notre équilibre phénoménal
actuel; que conclure pour le moment qui
va venir? Rien d'absolu, même sur de pareils documents, parce que l'*impénétrable*
est là, replié dans sa virtualité *substantielle*,
maître de changer l'équilibre, de réfuter nos
calculs, et de multiplier les exceptions!

Qu'est-ce donc que ce procédé qui de ce
que deux objets possédent certaines proprié-

tés constatées conclut qu'une propriété particulière existant seulement dans l'un de ces
objets existe aussi dans l'autre? Nous venons
de le voir, c'est l'*analogie!* Mais que signifie-
t-elle si la propriété cherchée ne procède
pas directement de propriétés communes
déjà connues? Peu de chose ; elle ne constate que des liens superficiels et prend sa
place à un degré inférieur dans l'échelle des
hypothèses. Que si, au contraire, la propriété
inconnue procède directement du connu,
ce n'est plus à l'analogie que nous avons
affaire, c'est à l'induction. Qui ne voit que
dans le monde phénoménal l'*analogie* seule
lie le vivant au vivant, ne prêtant à nos pré-
visions qu'une base incertaine et fragile.

Heureusement, quand il s'agit de conclure
sur un cas particulier, à l'aide des données
du passé, l'*analogie*, comme tant d'autres
éléments de la question, n'apparaît qu'en

seconde ligne, et c'est surtout dans le spectacle de la scène actuelle que la raison rencontre le mobile de ses déterminations.

Je me représente le physiologiste vis-à-vis d'une scène de la vie (d'une maladie, par exemple, ou plutôt d'un malade) comme un chef en présence de l'ennemi. A l'aspect de ces lignes, de ces corps mouvants, de ces forces diverses, qui se dessinent, s'ébranlent et occupent de mille et mille manières les plis du terrain, il concentre dans son esprit tout ce que la tactique, tout ce que l'expérience, tout ce que les grandes leçons de la science et de l'histoire lui ont appris de l'emploi des armes ou des résolutions décisives qui gagnent les batailles; mais son génie attentif s'élance au-delà de la matière des événements! Oui, l'âme même de cette armée, la cause qui va spontanément lui imprimer tant de formes im-

prévues l'occupe par dessus tout. Il la
regarde à l'œuvre et rien ne lui échappe ;
sous la lumière que lui a faite une puissante
réflexion, il cherche à s'emparer d'un caractère inconnu ; une disposition, un pas, une
hésitation, une nuance, un rien, préparent,
mûrissent sa pensée, jusqu'au moment où
une résolution capitale jaillit comme l'éclair
de sa raison illuminée ! — Telle est l'induction spontanée que la science nourrit et
protège, mais que la raison seule accomplit.

Telle est aussi l'induction que le physiologiste doit invoquer ! — Savez-vous ce qu'on
appelle un habile et savant médecin ? C'est
celui qui, fortifié par la science, c'est-à-dire
par l'expérience, par le nombre, par la
logique, etc., puis surtout par cette influence
mystérieuse du passé qui peu à peu nous
fait ce que nous sommes et ne se traduit ni
en chiffres ni en raisonnements, induit et

prononce sur un fait actuel, en prenant
immédiatement conseil de ce fait même
éclairé par des souvenirs. C'est celui qui,
nourri, vivifié, soutenu par un très-grand
nombre d'observations, sans les peser, sans
les compter, et souvent même en dépit de
leur nombre et de leur poids, trouve, dans
son propre fond et dans la vigueur qu'elles
lui ont faite, le secret d'improviser ses
inductions.

Donc l'induction, dans l'application des
données de la physiologie aux individus, ne
procède directement ni du nombre, ni de
la logique, ni de l'expérience; elle s'en sert,
mais elle les franchit et les domine. L'induction spontanée naît d'un rapport intime
entre la raison et les choses, qui, loin de
laisser dans la conscience une formule, y
laisse à peine d'autre trace que celle de la
conviction qu'elle produit. Ne voyez-vous

pas ici l'artiste effacer le savant et le calcu-
lateur, et le tact, à défaut du génie, entrevoir
et gouverner les événements?

Néanmoins, si cette sorte d'induction vit
au-dessus des éléments de la science, il
n'en est pas moins vrai que l'expérience, que
le nombre, que la logique l'étreignent, l'em-
brassent, la supportent, l'accompagnent et
servent ses commandements. A tel point
qu'en définitive les fruits les plus mûrs et
les plus beaux sont ceux qui naissent de leur
intimité. Nous proclamons donc, nous aussi,
très-hautement, les bienfaits de la méthode
analytique et expérimentale, mais nous la
surveillons, mais nous la modifions, quand
il s'agit de la vie; mais, en présence du
principe spontané que la raison nous livre,
nous lui imposons le coup-d'œil d'une méthode supérieure. Hippocrate recommandait
de s'attacher à des faits et de partir de là

pour généraliser les principes de l'art, mais le sage vieillard avait en même temps le regard fixé sur ce précepte par excellence: *l'esprit gouverne sa propre maison.*

Oui, l'esprit, qui est à la fois l'*être*, la *force*, l'*intelligence* et l'*amour*, crée et gouverne! Proclamons, défendons, développons ce dogme éternel du spiritualisme physiologique, dont le moindre mérite est d'en finir à jamais, dans la science, avec les théories absolues, et de modérer, dans l'art, la sévérité des préceptes peut-être trop disposés à arrêter la soudaineté du tact et l'élan de l'inspiration.

FIN.

TABLE.